U0307332

# 完美工业设计

## 从设计思想到关键步骤

［法］米歇尔·米罗（Michel Millot） 著

王静怡 译

机械工业出版社

本书是法国著名工业设计大师米罗先生在我国出版的第一部作品，也是米罗先生对多年教学和从业工作的感悟和总结。全书分两篇，第1篇关于设计，介绍米罗先生对工业设计专业的理解和感悟，第2篇十个工作步骤，向读者介绍从事工业设计从设计产品到投放市场必须做好的十个关键步骤。书中语言简洁明快，偶尔带点儿小幽默，使本书的内容深入浅出，特别易于理解，是一本不可多得的工业设计宝典。

本书适合从事工业设计的人员使用，也可供高等院校设计专业的师生学习参考。

GUIDE DU DESIGN INDUSTRIEL/By Michel Millot/ISBN：978-2-10-074848-8

Copyright © DUNOD 2017

This title is published in China by China Machine Press with license from DUNOD. This edition is authorized for sale in China only, excluding Hong Kong SAR, Macao SAR and Taiwan. Unauthorized export of this edition is a violation of the Copyright Act. Violation of this Law is subject to Civil and Criminal Penalties.

本书由 DUNOD 授权机械工业出版社在中华人民共和国境内（不包括香港、澳门特别行政区及台湾地区）出版与发行。未经许可的出口，视为违反著作权法，将受法律制裁。

北京市版权局著作权合同登记　图字：01-2017-1394 号。

图书在版编目（CIP）数据

完美工业设计：从设计思想到关键步骤/（法）米歇尔·米罗（Michel Millot）著；王静怡译 . —北京：机械工业出版社，2018.2

ISBN 978-7-111-58962-4

Ⅰ.①完… Ⅱ.①米… ②王… Ⅲ.①工业设计 – 高等职业教育 – 教材 Ⅳ.①TB47

中国版本图书馆 CIP 数据核字（2018）第 009864 号

机械工业出版社（北京市百万庄大街22 号　邮政编码100037）
策划编辑：黄丽梅　责任编辑：黄丽梅
责任校对：王　欣　封面设计：鞠　杨
责任印制：北京华联印刷有限公司印刷

2018 年 3 月第 1 版第 1 次印刷
169mm×239mm·15 印张·3 插页·236 千字
0001—3000 册
标准书号：ISBN 978-7-111-58962-4
定价：198.00 元

凡购本书，如有缺页、倒页、脱页，由本社发行部调换

电话服务　　　　　　　　　　网络服务
服务咨询热线：010-88361066　机工官网：www.cmpbook.com
读者购书热线：010-88326294　机工官博：weibo.com/cmp1952
　　　　　　　010-88379203　金 书 网：www.golden-book.com
封面无防伪标均为盗版　　　　教育服务网：www.cmpedu.com

# 前　言

　　本书是写给从事设计开发的相关活动，尤其是产品设计开发活动的学生及从业者的<sup>⊖</sup>。目的是通过精确的信息，辅以对设计工作的指导建议，帮助大家更准确地理解设计。在乌尔姆学院对工业设计的学习激发了我对使用测试方法进行深入研究的渴望。之后，我在德国斯图加特产品测试研究院所进行的工作，为本书的诞生积累了大量的资料。

　　本书是我在产品信息、产品选择，特别是产品设计开发方面运用使用分析的经验成果。它有别于一般学者的演讲，所讲的都是有意义的、具有可操作性的内容，而不是一些空话。本书的目的是给产品设计带来帮助，回归设计的根本核心——使用质量和环境质量，让人们理解技术应该是为设计而服务的。

　　这不是一本展示设计师的书，因为设计的本身并不是设计师，有多少设计师，他们没有接受过设计培训，没有设计才能，没有设计行业的专业实践知识，却攀附寄生于设计，整天谈论着"设计"。又有一些媒体中的"学者们"，他们可以谈论任何事物，但却不是任何一行的专家。本书的重点是对设计过程给出实际的指导建议。希望因此能为改善设计过程做出贡献。

　　设计，是一个职业！不过这个职业长久以来被自由发展的市场营销和技术进步所贬低，甚至被"设计"这个词本身贬低，成了一个空泛的修饰词。设计甚至已经不再是一个构思活动。偶然可见的使用分析被淹没在了某些人的空谈中。

　　本书尝试着使人们了解设计师在复杂的设计过程中的作用。设计是一个有方法、有步骤的活动，同时与想象力、幻想、美感共存。本书不是一本秘籍，也不是一本使用说明。它表达了一个观点：设计师是一个有血有肉的人，他有

---

　　⊖　本书中所有插图（手绘图、项目及产品）都来自于米罗设计公司的集体设计。

自己的感觉、判断、感想，关键是他要进行选择，所以设计师不可能被智能机器人替代。

工业设计一直以来苦于行业内对最基本概念的区分和定义无法达成一致，由此导致的大话空谈束缚了行业的发展，无论是在职业实践上，还是在学科教育和产品信息上。当大家用同样的词汇却表达的不是同一个意思时，是无法交流的。对设计活动没有可操作性的、更加明确的定义，设计是没有办法发展的。所以本书的后面附上了一个专业术语词汇表，对 30 多个被乱用或者错用的词汇进行了定义。设计师们在实践中，很少进行使用分析，因此对项目的使用质量不敢做复杂的诊断。他们带着批判的眼光对待消费社会却没有办法真正做些什么。消费者对于产品，特别是进行选择的时候，缺乏有用的信息，只能凭感觉进行选择。

使用功能标准是各类设计人员之间真正的对话工具，它为设计提供了真正的参考依据、切实可行的产品规范与功能细则。

本书也同样涉及设计过程中，设计师与技术人员和市场营销人员之间的同事关系，与企业领导的关系；设计师的自由度或自主性的关系等。总之一句话：不盲从才是创新的源泉！

希望本书的出版能为大家的学习和工作提供真实有效的帮助！

# CONTENTS
# 目录

# 第2篇 十个工作步骤

# 第 1 篇

# 关于

# 设计

# 第1章

# 被滥用的概念

## 从手工业者到设计师

在工业社会之前，设计是手工业者的作品，手工业者通常跟客户离得比较近，他们之间没有中间商。

得益于法兰西第二帝国时期的经济繁荣，伴随着各种工业技术的发明，工业化进程于 19 世纪初揭开帷幕。随着技术和工业的到来，艺术家和手工业者看到了他们个人表现时代的终结。他们躲在古典主义中逃避失败，对工业化十分不屑。艺术家和手工业者生产花里胡哨的机床工具、装饰品、仿制的手工艺品……以此寻求艺术和新的制造手段的融合。他们也曾试图正面对抗更便宜、更多人买得起的批量生产产品。

为了使工业产品看起来更丰富，将工业产品过于机械化的外表隐藏起来，掩盖住呆板生硬和工具化的一面，装饰艺术在这个时期发展了起来。当时的"风格"符合资产阶级的口味，现在，装饰与功能的结合也是设计师追求的目标（图 1-1 为米罗设计公司设计的不同造型的椅子）。制造工艺的目标是仿造天然材料，但有些工艺有时会受到设计师们的抵制。例如，相对于包金工艺，镀铬工艺在这个时期已经比较成熟，而且成本低廉，却不受待见。

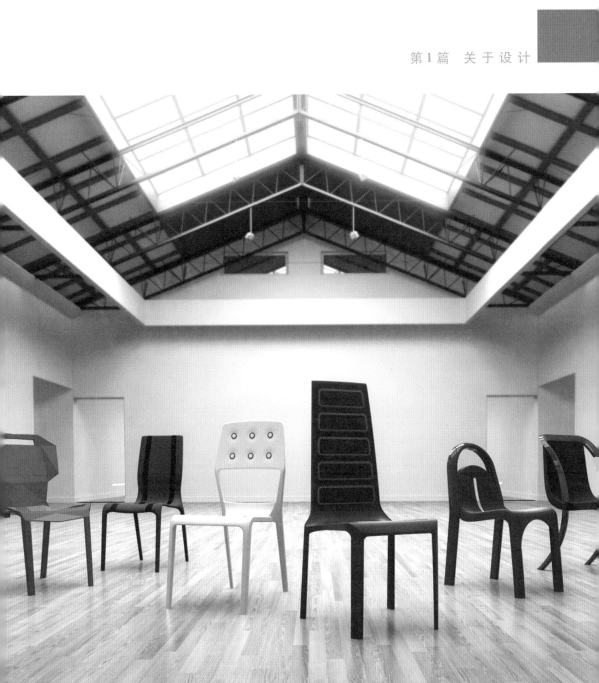

▲ 图 1-1 椅子，玛卡（Makka），2013

　　艺术家们和机械师们之间、手工制作和新兴技术之间这种谜一般的距离催生了一种新的活动——设计。设计拒绝简单地模仿"手工"作品或历史流传下来的装饰。

　　机械化生产超越了只为精英阶层和资产阶级服务的手工创造品，为大家带来了幸福和物品的完美无瑕。批量生产给新产品设计带来了广阔的前景，问题只是在于如何适应不同客户和用户的需求。大型工厂、商店给人们提供越来越多的选择。人们明白批量化生产从本质上能够以极低的成本达到产品的多样化和丰富性。

　　工业化生产和销售的产品可以抛开传统的艺术形式，形成各种风格。制造工艺大大拓宽了可能性的范围。这为设计开启了一场伟大的探险之旅，设计在当时是指设计师、市场营销人员和生产人员共同参与的全方位设计。工业设计师们在一个"现代化"的、当下的甚至是未来的世界进行创作，不愿停留在对"传统风格"的迷恋里。

　　但是设计师署名的特别设计，则是独一无二的作品，直至今天仍被视作创作的象征，带着"手工制作"的铭牌，作为文化象征在博物馆展览，在媒体中大肆宣传。有时候，这样的作品，与其称之为艺术，不如说是设计师的自娱自乐。此类设计，设计师通常是以销售佣金的形式来收取报酬，但是工业设计项目正常情况下应该是由工厂以设计订单的方式下达给设计师，支付该项目的设计费。

## 什么是设计?

　　设计这个词是如此的成功，人人爱用，以至于它所表达的意思各式各样，大相径庭。它既可以说是一种活动，同时也可以说是一种"风格"。对于这个包罗万象的词，人们已经忘记了它的本源。从媒体到某些设计业界人员，"设计"这个词普遍被公众滥用。人们觉得现在把"设计"当作形容词来用，貌似是指代一种现代主义风格，例如说"某物是现代风格设计，某个东西真是太有设计感了……"等等。

　　在媒体中，变成一个形容词的"设计"，被随意滥用，到了甚至让人不理解它是什么意思的程度。现在，设计这个词更多地被用作一个广告形容词（形容简洁的线条），而非指实际的设计构思活动。这个让工业设计师们大为恼火的形容词，有时候甚至让人觉得有嘲讽或者开玩笑的意味，因为它不总代表着"漂亮"。它也使人联想到一些毫无用处、华而不实的产品。

设计这个词在语言当中仅仅以修饰词的形式存在,它反映出商业社会,人们对设计活动的不理解。随处可见人们仍然把设计和制造这两个概念混为一谈,把"法国制造"和"法国设计"混为一谈。

设计应该是指构思过程和活动,而不是由这个过程带来的结果和产品。设计在媒体带着偏见的揉捏塑造之下,被大众所曲解。对于很多人来说,设计师就是做家居设计的。对装饰、室内设计、"有设计感的事物"的热捧,使某些明星设计师声名鹊起,带来滚滚财源。

另外,人们以为设计往往导致商业失败。实际上,人们说的只是那些明星设计师,他们的设计仅仅在媒体舆论上成功,却很少在商业上取得成功。

## 设计的定义和设计师的定义

设计师与手工艺者的明显区别在于他不是某种材料(木材、金属、塑料等)、某种技术或者某一类产品的专家。虽然,从本质上来说设计应该是非专业化的,涵盖各个不同类型产品的外观和使用的学科,但因为某些专业实际中要求更深入的技能,一种按子学科细分设计的趋势正在逐步形成。人们往往会错误地要求设计师只去设计他曾经设计过的产品,因为人们混淆了(在某种产品上的)经验和(在专业领域的)能力这两种概念。

实际上能力、知识、技能、动力才能保证项目的设计质量,无论设计师本人对要设计的产品是否有经验。他所接触的产品类型越多,就越能够很好地利用跨界经验来对任何类型产品进行设计。设计并不在于积累知识,更多是通过理解来创造事物之间的逻辑关系(使用场景、风格趋势、概念、形象、标志和象征等)。如图 1-2 ~ 图 1-4 所示的产品,设计师就很好地诠释了这种逻辑关系。

## 工业设计

"工业"这个形容词适用于大多数生产活动,同样适用于设计。产品或多或少的批量生产可以降低投资成本。工业设计一般是个团队工作。

对于设计师的定义经常有争议。举个例子,从官方的角度,它既不是一个被国家公认的身份也不是一种职业。可见人们对工业设计是多么的不理解!

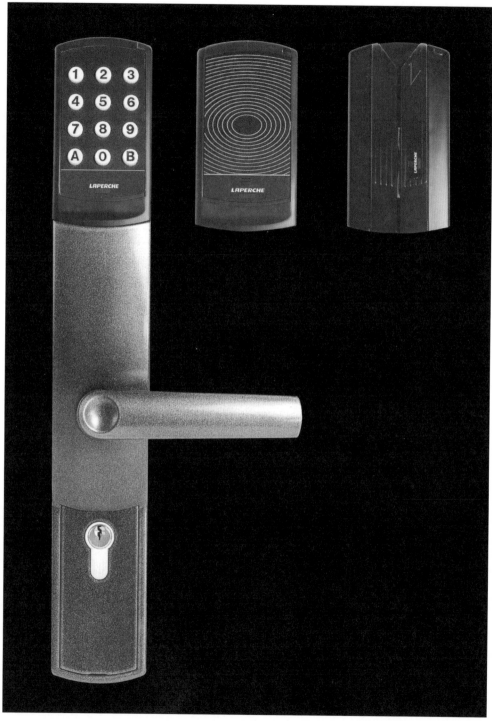

▲ 图1-2 门锁，拉百世/尤尼泰（Laperche/Unitec），1992

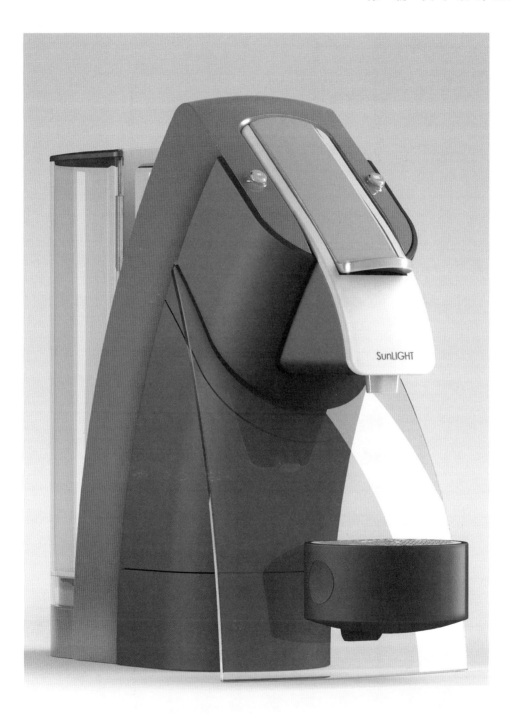

▲　图 1-3　咖啡机，阳光牌（Sunlight），2014

▲　图1-4　保温杯，哈尔斯，可单手操作盖子开关，2014

20多年前，在没有征求业界意见的情况下，国家甚至提出用"风格"这个词来代替设计。然而"设计"这个词语在全世界已经存在了70多年。

　　设计师谦虚地致力于研究如何改善产品用户的生活质量和环境质量，他们中的大部分默默无闻。对于工业设计师，人们通常不知其名。但是当"设计"到处在被用作形容词时，就越来越没有人了解设计师的工作了。这种情况实在让人难以接受。

　　换句话说，设计师作为职业，在所有人，或者几乎所有人眼中，是不存在的！另外"设计"被越来越少地实践：我们买做好的熟菜，过安排好的假期……人们卖"有设计感的"家具、物品，"有设计感的"裤衩……设计变成了一种时尚风格了吗？人们把它局限在艺术或装饰中，仅作为一种风格！这简直是要抹杀设计这个职业。

人们仅从"审美"的意义上理解"设计"这个词。在过去的 50 多年间，设计一直被错误地认为是"样式设计"。样式设计，它仅仅是通过美化修饰一个物品以吸引客户，它并不具有美学文化。在设计界，样式设计多多少少带点贬义，或许在服装界除外。

## 设计师的假象

大众心目中的设计师形象一般都是这样的：收入不菲，自视甚高，高踞神坛，傲气十足！工业设计师不应该只是与单纯的美学联系在一起。设计师经常被看作是"美观专家"，被认为只是非常会画画而已！当人们让设计师对一个产品进行美化时，其实人们已经误解了设计师的职能。外观当然是产品一个不得不考虑的方面，因为产品是沟通的介质、情感符号和象征符号以及美学指数的载体。但设计应该介入和贯穿在产品的整个开发过程，而不仅仅局限在最后的美化上。

## 设计的被边缘化

目前的现状是产品构思更多地集中在技术层面，而不是在使用创新方面，然而使用创新才是商业成功和用户满意的根本。糟糕的是，企业认为产品构思首先是工程师和技术员的事。

设计有时候甚至被等同于广告或是为了卖得更多、卖出更高的价格而使用的伎俩。工业设计行业内部对于工业设计专业自身最基本的观念的识别和定义方面存在质疑，缺乏共识。设计学科被细分为多个子学科，内部并存着不同教育背景、不同活动、不同方法、不同理论、不同职业和文化惯例。泛泛而谈和内容杂芜，成为设计行业发展的一个障碍。

的确，工业设计师与其他行业的管理者不同。他们的衣着、拒绝迎合某些习惯、规则和某些传统的态度，常常造就了他的艺术家形象。对于生产和销售管理者来说，他们都是些"艺术家"。这个称呼的言下之意——设计师们经常有些新鲜有趣的想法，但大都是异想天开、不着边际，对技术和商业经营等问题一窍不通。

设计师的工作性质使得他的形象是不紧不慢，琢磨思考，把自己从现有的情况中解放出来。设计师习惯在一种非正式的气氛下工作。设计师不仅被视作艺术家，还被视作是一个让人害怕的、会带来改变的物质。他的角色是设计更新、更好的东西。然而，对于变化的恐惧，是很多企业管理者和领导者普遍具有的心理。他们总有各种理由来说某个创新"不切实际"。

设计师就这样被当作是活在另一个世界的异类，变成了"不切实际的艺术家"。人们甚至不让设计师参与处理环境保护、可持续发展和生态问题，而这些本该是设计师的工作范畴，本就包含在他所受的教育当中。然而人们却以为技术人员或者政府官员才够严肃、严谨，才能处理这些问题，在人们的心目中，这些问题不能托付给艺术家们！

要知道很多企业对外宣称喜欢"有创意"，但这往往只是一个假象，实际当中常常并非如此。为了工作，设计师常常牺牲个人生活和文化生活，相对应的，他们也希望得到人们更多的重视和尊重。一句话，他们希望得到更多的认可。

## 设计师的职业实践

为了高效工作，设计师需要掌握多种技能，才能在不同类型的产品设计上转换自如，才能集分析师、寻找创意者、发明家、开发者和手板制作师的功能于一身。设计涉及很多领域，新手一般难以胜任。近年围绕"设计思维"的谈论才让大家开始发现这种思想的开放性。这样的职业特性使得设计师（专业的或非专业的）必须拓宽他的活动领域。糟糕的是，还是有非常多的企业错误地按照产品类型来划分设计师的专业范围，而实际上多样化是非常必要的。

设计师尤其要对使用要求、环境的需求以及外观美观进行考虑（图1-5、图1-6就是很好的例子）。

设计是一个解决问题的过程。本书对设计的各个步骤进行了分析：

- 问题的提出和产品开发的决定

▲　图 1-5　电熨斗，凯博（Kaibo），2015

- 企业战略

- 竞争对手产品分析

- 使用调查和分析，市场调研和分析，技术分析

- 使用、技术和市场要求

- 审美趋势

- 具体开发研究

- 解决方案（想法）的构思

▲ 图 1-6 充电宝，文创（Winchance），2009

- 方向选择

- 新概念的深化

- 前期设计和对它们的选择

- 最终设计，图样和外观手板

- 细节研究和技术功能调试

- 投产

- 商业可行性测试

- 经验反馈及商业推广

设计师们本质上都是按照设计步骤工作的。他们应该对能力范围内的所有阶段负责。

企业的设计规划策略要与企业的整体战略一致。设计的规划策略不能是专断的，也不能想到什么做什么，除非是对企业来说风险小一些的、对现有的产品进行再设计的项目。设计应该参与到产品开发的整个过程，而不仅仅是在最后美化产品的阶段，更加不是简单地用 3D 打印出来！

# 第 2 章
# 设计与人机工程学

把人机工程学标准考虑在内是设计的第一步，但要真正实现，还需要一些时间。第二步是去参考或者投入到人机工程学数据的研究当中，特别是人体测量学或者生物动力学的数据。但是这需要有激情和勇气，并且要冒着所做的工作被证实是徒劳的风险。总体来说，这类数据要么不足，要么缺乏与真实使用情况间的联系。它们通常都是一些零散的科学数值（人体测量学、成长学、流行病学），只能反映在设计中所要具体考虑的人类各种复杂因素中的局部或某一时间点的情况。

例如，在具体设计或评估大型儿童玩具运输车时，大量的人体测量数据是不可缺少的（见大型儿童玩具运输车 Triambul 章节），设计师就碰到了一个巨大困难：无论是对于法国还是欧洲的 3 至 8 岁的儿童，没有一套完整详尽的、能足够说明问题的数据。能找到的只是关于儿童正常或者异常的身体发育成长的数据，其中不包括任何的人机工程学，只有一份关于 4 到 12 岁孩子的、与自行车相关的人体测量研究（私人领域的研究）。

关于这个问题还应提到的是，不能用一个"中等值孩子"的尺寸来计算，哪怕是"每个年龄段取一个中等值孩子"。因为实际中不存在"中等值尺寸"的生物。相反的，可以参考玩具和游戏行为相关的每种测量维度（必需的空间、过道、触及距离、调节的可能性等）确定一个有效的尺寸范围。不过对某些人来说区分以上参数和维度简直就是吹毛求疵。

设计和人机工程学结合可以优化人机界面，增加产品使用的便利性，图 2-1
和图 2-2 就是很好的例子。

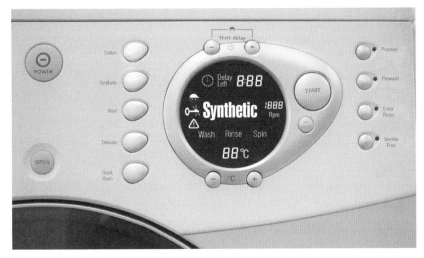

▲　图 2-1　洗衣机操作面板，小天鹅，2000

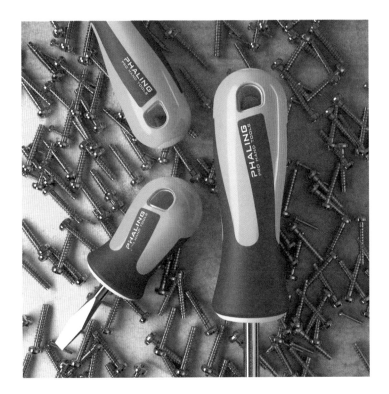

▲　图 2-2　螺丝刀，菲灵（Phailing），2011

**15**

# 第3章
# 设计与文化

设计注重原创性，不会照搬别人的作品，而是将社会、经济和文化元素融入到设计当中，从而诞生了简单而持久的美，创造出更多的震撼和感动。

## 为了真正的设计文化

大众以及无数的决策者，企业领导和大多数媒体，仍然混淆设计和风格，或者把设计局限在装修、家具和家居艺术中，甚至仅当成广告！

设计仍然处在边缘或者附属地位，甚至是作为补充。设计的使命与在其产品开发中的介入和参与经常不被理解，它的价值在决策时经常被低估，无论是在国有企业还是在私营企业大都如此。

## 社会-文化框架中的一个活动领域

产品设计是企业经营的一部分，企业经营是经济活动的一部分，而经济阶层又是环境和社会文化环境的一部分。在政策出来之前，设计者已经清楚他的项目对于环境的影响。设计文化的缺乏造成了审美文化的普遍缺乏（美、风格、品味、图文、色彩……）和越来越多的技术与工业文化缺陷。

为数不多的工业设计杂志很少谈及产品设计，极度缺乏文化层面和知识层面的内容。大部分都是些大众化通俗杂志，围绕着其赖以生存的广告展开，而没有多少关于设计认知和设计方法的信息。杂志内容大多是：

- 一些自传
- 一些非常吸引人的产品照片
- 一些艺术史教材
- 一些 DIY 教程
- 一些投资建议
- 一些夸赞设计和明星设计师们的广告宣传册

等等。

比如在奢侈品、时尚、化妆品领域，很明显所谓的"大品牌"卖的绝不仅仅是一个包或者一瓶香水。他们卖的是一个世界、一种象征、一种文化和一种与之匹配的生活方式。似乎目前他们对于亚洲客人的吸引力大于欧洲客人。物品能传递"某种精神状态"。产品（物品）是一个传播介质，是赋有感情、象征以及审美标志的载体。制约创新的主要因素应该是文化层面的问题，在于对设计风险的恐惧。

设计师带着热爱和激情来设计产品，他们创造出风格，激发人们与产品一起生活的渴望。设计师有梦想，也会让人产生梦想，但同时他也将梦想变成现实。就像电视广告中演得那样，设计师总是出现在画面角落，图绘着天马行空的想法。图 3-1 ~ 图 3-3 都是设计师充满激情的设计。

正如林赛·欧文-琼斯所说："文化冲击激发创造力"。多元文化社会更具有创新力。因为它包含更加多样化的评判标准、技巧和想法。技术是资本，研发是服务，而设计和创新更是一种文化。

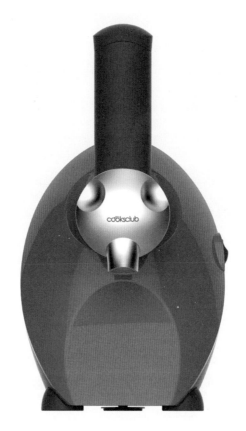

▲ 图 3-1 冰淇淋机，福立达（Fulida），2013

▲　图 3-2　车载保险箱，北美市场，2011

▲　图 3-3　智能手表，Homylife，2015

# 第4章
# 设计与创新

创新与发明的区别在于创新存在于具体的实践当中。创新不是偶然地在"桌子的一角"或者根据一份草图就能出现，它是由一个长久反复的过程产生的结果，这个过程综合了需求、零部件、步骤、产品原型、测试和结果。

创新是一个脆弱、复杂的链条，带有多重的相互作用。它跟一个想法、一个初始意愿、一个企业战略相关。它要考虑技术限制、审美要求、生产和销售因素。

创新与商店销售、产品使用乃至产品报废一并相关，同时应与环境紧密结合。没有信息和知识的支持，创新是无法进行的。创新不是凭空而来的，也不是基于大量信息，而是来源于限制。在创新之前必须对不一致的、相互矛盾的信息进行分析、试验、观察、应对、听取、整合，在社会、经济和文化的背景下融会贯通。创新需要有强烈的动机、有利的环境，以及不同设计师间的交流。它需要凭直觉、做工作，靠坚持不懈，也需要一些运气。

创新是具体实现一个确定将会对产品设计产生影响的想法。我们很难从一开始就把好的和坏的想法区分开。创新是一个复杂的现象，是一个融合了许多因素的多重进程产生的结果。它要给用户和环境带来新的东西，它应使得企业能够与竞争对手形成差异化。并非所有的新意都代表着创新。借用埃德温·赫伯特兰德的一句名言："创新不是要有新想法，而是停止延续旧观念！"

创新不仅仅是在工艺方面，也不仅仅是加个电子器件、传感器或者把物品"与互联网连接起来"那么简单。非工艺的创新应该以在产品使用上形成差异化为基础，而不是依赖技术性能上的差别。技术的发展经常带来"质量过度"或者"配置过度"的情况，导致在使用上变得非常复杂。

有一种对于创新的看法是过分集中在研发和取得技术专利上，这种看法是极其片面的。在宏观经济层面上对创新的看法应集中在产品研发上，而这和企业的实际情况存在差距。

对于那些难以与新兴国家拼成本和价格的企业来说，创新是竞争力的关键因素。创新构成了企业发展的主要因素，使其能够脱颖而出。这是一项多学科团队的协同工作。没有不能创新的人，因为每个人都具有创新的能力。

很多人错误地以为：创造力、发明和创新都是一回事；创造力是艺术方面的，创新是工艺或技术方面的。

其实创造力是产生想法，创新则是具体行动。只有对使用或外观质量进行改善，才叫作产品创新（如图4-1、图4-2所示的产品）。

并非只因人们在进行头脑风暴时产生了一些创造性的想法就表示有创新了。很多创新并不对应一个发明专利。那些获得专利的发明，其使用质量非常差劲的例子不胜枚举，只有很少的发明具有真正的价值。因此，很多专利都不构成实质性的创新。

非工艺性的创新应该作为企业活动的基本要素。它需要大胆果敢和敢于冒险。风险让人害怕，因为失败总是被社会所惩罚。所以，他人的眼光，甚至个人对自身的看法对创新其实是不利的。企业家们失败时，总是被指指点点。因此，对创新造成阻碍的往往是文化环境，是人们对于风险的恐惧。任何创新的项目都必须大胆，对失败的斥责往往不利于大胆创新。不敢于承担风险和对失败的不包容是创新面临的最大问题。

创新需要大胆、鼓励和回报、管理层的大力投入、企业明确的战略性眼光以及善于捕捉好时机。同时，它通过优化生产方法、降低成本，可提高企业在价格上的竞争力。

设计师把想法和创造转变为创新。他们寻找那些最微小的、能够激发他们好奇心的东西、窍门、玩意儿、物件儿、技巧，然后塑造其成为可以被出售和

▲ 图 4-1 收银机

使用的东西。创新是一个整体过程的果实，在这个过程中，研发工作仅仅是各组成部分中的一个，应当被归入复杂、有组织的步骤当中。即便是在研发工作发挥着根基性作用的行业，创新型企业都是那些懂得如何在研发人员、设计师和市场人员之间建立真正互动关系的企业。

在公共政策中，承认并且促进真正的使用创新将会是非常有意义和非常必要的一步。

对于所有因其文化原因注重技术创新的人们，我们需要强调，设计才是运用他们技术的强大因素。那些促进创新的政策，过多注重创新当中的技术成分，使得创新实际上受到了限制。实际上，创新（经常被误解为技术创新）和设计并非是泾渭分明的两边。设计通常是创新的中流砥柱。

营销和设计的参与不足，既是症状，也是后果，根源是对创新的片面看法。一个企业的技术能力首先取决于其员工或外部合作伙伴的能力。比如中国，多年来缺乏有能力的技术设计工程师来开发使用质量和技术质量更好的产品，以至于如今

▲　图 4-2　太阳能音箱，文创（Winchance），2009

世界对中国的印象还是个出产低档产品的国家，就像从前的日本。我们不应低估中国企业为摆脱这一暂时的缺乏和不足而做出的努力。来到中国工厂的欧洲设计师们，和现在的中国设计师们，为了促成项目的成功，都在尽其所能，鼓励并激活这种技术上的努力。能力突出的技术设计人员是企业成功的关键。企业需要有能力管理生产的技术人员，也需要那些有能力给予顾客充分产品信息的销售人员。

## 创新的集体性

　　创新，是一种人类活动，其原动力是创造性。创新源于文化的多样性和相互碰撞。团队里的人员多样就会产生开放式观念和对不同事物的好奇心。看法对峙能激发创造性，带来意想不到的效果。

　　人们通常认为创新是某个遗世独立的发明家一个突如其来的想法所结出的果实。其实，创新不是某个具备独特性、直觉、敏锐洞察力等天赋异禀的设计师的专利。创新不是靠独得上天眷顾的某个人的灵感，不是某个天才的特权，而是一个过程的实施。设计是一个集体活动。另一种（错误的）观念认为，从本质上，创意出自具有创造性的人们，我们无法促进或增长自己的创造性。想法通常是集体工作的产物。一个想法随过程逐渐转变，不断演变，成了创新（如图 4-3 所示的产品，就是这样创新出来的）。

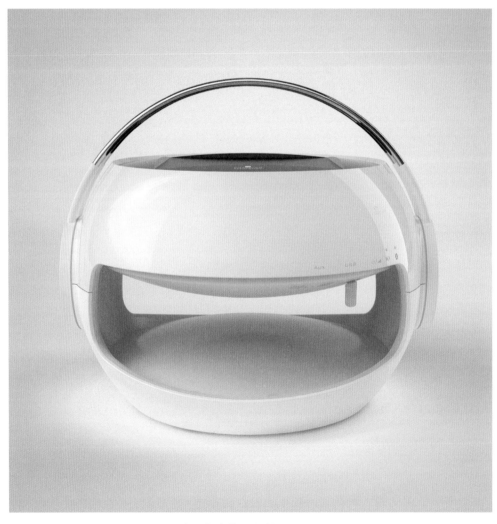

▲　图 4-3　太阳能音箱，文创（Winchance），2009

　　只有创新才能从经济战中取得胜利。创新过程的核心，是设计与技术和市场相互作用和影响。创新同时与技术、组织、创造力、企业战略和所有的管理组成部分相关。它要求消除专业之间的隔膜。所以说创新是设计、技术和市场之间辩证的成功。基于对问题解决方案的不同思考，其多样性激发了创造性和创新。

　　创新有几个等级：

　　– 产品线的创新：彻底的创新难以估计是否成功，需要通过创造出客户特定的偏好来避免价格竞争。

　　– 打破式或重要的创新：我们的文化让我们认为创新必须是一个大项目，就像空客或者高铁。不能只聚焦在打破式的创新上。

　　– 微创新或者渐进式的创新：人们忽略渐进式创新，也就是小步伐的创新。企业的新环境要求持久的创新，然而相比起这种创新，技术和媒体对于发明创造更加感兴趣。为了经济上的竞争力，成功需要一些更加确定的创新。

## 创新管理

　　任何原创的想法，都要经过斗争。创新的过程是艰辛的，不确定的，大有希望但又神秘莫测。

　　技术创新已经"走到了尽头"。为了成功，技术应当服务于使用质量和审美质量，而不是正好反过来。举个例子，尽管半个世纪以来一直存在，住宅自动化管理技术及其技术人员一直遭遇着严重的使用缺陷。相比于最初的蓝图，住宅自动化的发展已经严重滞后了，因为它做不到安装简便，制造商之间不同的"技术语言"使得不同机器无法同时协调运行。

　　企业家都是按照自己专长的技术来生产，却不了解使用者和安装者的需求。所以不能再重蹈覆辙了，"智能产品"不能再重复住宅自动化管理系统这样的错误。

　　传统社会不怎么喜欢创新。创新的社会接受度并非自然而然。一方面是人的因素，原因很复杂：客户、用户也有工人。另一方面是非人类因素，还在不断发展：生产工具、机器、技术元件。

　　当人们说到创新，脑海中浮现的总是些"美丽的传说"。比方说，一个年轻的哈佛毕业生成功创造了一个主流社交网络。这些难以置信的成功刺激着人们，让人们做梦。它也容易让人们忘记创新不容易被接受、也不吸引人的另一面，那就是失败！事实上，这些美丽的冒险与成功仅仅是一些例外。

媒体曝光的成功案例，所谓的榜样示范，其光芒有时候掩盖住了很多"小成功"和很多失败案例。好的想法经常来自于一些小研究团队，极少出自秩序井然的行业机构。这些"小成功"是由设计师主导的，虽然设计师们很少被推到前台，但是他们在改善使用质量和达到商业成功上做出了贡献。因聚集了大量不同人才和想法，设计公司才具有创新性（如图 4-4 所示的产品，就是集体智慧的结晶）。结合技术创新和使用创新对于促进企业成长至关重要。

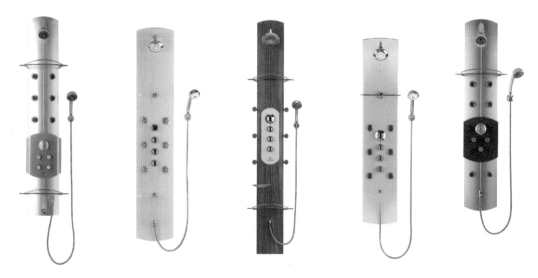

▲　图 4-4　淋浴器，瓦伦丁牌，1996 ~2000

有条理的方法步骤不排除想象力和审美感觉。激发创造力的系统方法和步骤聚焦于从一个新的角度分析问题中的各个组成部分，从而带来创意。

人们对于技术性能和商业价值的追求，大大超过了对使用价值的追求。对设计的运用不足既是人们对创新道路片面理解的表现，也是其后果。

对于很多工程师、技术员、市场负责人、工业美学人员、销售人员或者采购商来说，使用并不是一个"问题"，而只是常识而已。所以决定产品使用情况的设计选择同时成为每个人和所有人的事情；但是却没有专门的人负责。而且，经常出现的情况是，某些人的常识，与另一些人的常识并不一致，甚至会出现"天经地义"的常识完全搞错方向的情况！

因此设计师才是研发团队的核心人员，技术应该为设计服务而不是倒过来！当然，要以成本价格为约束，以市场要求为前提。设计可以发掘新趋势，紧贴国内外市场，提高产品档次。

在涉及提高使用质量和环境质量的方面，设计师有着激进超前的视野。实际上，企业通常忽视这些真正的创新元素，而让步给那些销售需要、广告以及夸大其词或者误导人的技术卖点。

# 第5章

# 设计与技术

产品开发经常被认为是技术员的事。在建筑行业，建筑师是主导者，在工业产品领域，工程师却经常作为产品的主导者，但产品最终是给消费者——用户去使用的。购买者很少能发现技术的差别，也许只有在广告宣传性质的信息里才会看到一些。

设计师和市场营销人员经常遭遇技术员的抵抗。技术员认为设计师总是提出一些幼稚的、不现实的建议，认为他们对于制造业一无所知。技术员习惯于贬低所有使用创新或设计师所提议的外观，设计师成了技术师的干扰源。

然而，设计师能够自己完成他们所画零件的一部分技术设计，即便他们不是"技术员"。设计师应该知道什么才是可以实现的，他们会考虑已工业化的材料和技术。而且，设计师拥有比较宽泛的技术基础，使得他们能够掌握适合生产制造的各个方面。当然在项目中他们应该把机械原理或技术元件考虑在内。

产品的功能性肯定受技术水平、标准化和成本的影响。因此，设计人员和技术人员一起努力，常常能做出了不起的产品（图5-1所示就是例子），否则产品就无法得以问世！

产品研发过于依赖技术。全部精力和技能都用于技术硬件的开发，而不是投入到成品的设计。技术工艺通常导致使用困难和复杂。对技术的优先会限制创新。例如使某些人魂牵梦绕的无人驾驶汽车，目前仅仅是引起了技术员和媒体的兴趣。与其在这方面投入，不如先投入到道路安全或者使用简便、舒适等方面。

▲　图 5-1　吸尘器，金莱克，2005

面对数码时代和对智能产品实际使用价值的期待，人们谨慎、犹豫和担忧。尽管如此，企业不应该错过智能产品这班列车。人们对智能产品的期待多了，同时害怕也多了。

那么我们对于数字化"革命"有些什么期待呢？可以肯定的是数字化在改变着社会，同时也肆意影响着人与人之间和人与社会之间的关系。不该由用户来适应数字化，而应该是数码产品适应用户，使用户不必害怕担心使用数码产品的效果。

## 减少浪费：更有用的工艺

技术主要集中在产品的主要功能或者技术硬件上。对于一个技术人员来说，一个吸尘器的"功能"仍然局限在它作为工具的功能——吸收灰尘，局限于实验室中测试获得的技术性能数据，然后在广告信息中加以宣传。

技术人员追求技术性能，比如为了与飞机"竞争"，高铁时速已高达每小时 574.8 公里，却并非在沿线所有相对重要的城市都有站点。所以说一个产品的开发应该更多地在消费者——用户或者客户的需求带领下推动前进，而不是基于技术可能性。

项目招标中的条款，也决定了创新以"技术追求"为重。技术越俎代庖，剥夺了设计师的工作，有关可持续发展、生态设计或者生态学本都属于设计师的工作领域。

从设计的角度来看，在使用方面，安全规范是出了名的不足。实际上，那些所谓的"使用性能"类似于技术特征，也就是类似于那些最容易迁就实验室测量限制的性能。

设计师对于补充功能和辅助功能的细节也具有同样敏锐的洞察力（洗衣机投放衣物的方便性，滤网的清洗、除尘，吸尘器手握的便利性等）。技术员们仅依赖他们"学过的"或者"经验"，不会努力去进行使用创新，觉得创新的想法或者新外观是件非常困难的事情。新的事物会使他们质疑已知的信息。进展和变化令他们害怕——因为不再可控。他们的职业是解决技术上的、具体的、通常是复杂的问题，特别是与产品制造相关的问题。

技术员们甚至会毁掉项目，理由是"这不可能，这样做太贵了。"成本这个武器只是技术员强制进行某个选择的一个非常容易的理由。技术员习惯性地贬低由设计师或者市场营销人员建议的任何创新。他们的态度甚至是蔑视的——"如果这是可行的，早就有人做了。"

必须促进他们之间的合作而不是斗争，因为设计和技术有着利益共同点。它们不是对峙关系。这些利益之间既不对立也不矛盾。所以，当"设计"部门不从属于一个"技术"部门或者市场营销部门时，才能发挥其真正的活力和影响力。工科院校应该培养更多的技术设计者、技术创新者而不仅仅是企业管理者（领导们）。

如果说在产品的开发过程中，研发部门是必要的，但也不能说它是创新的充分条件。技术研究，尽管看起来是很严肃的，但通常并不够科学。对于技术人员来说，一个运行良好的装置就已经是个好产品了。我们的社会将会越来越少地以工业活动为基础，会越来越多地受到通信的影响。如果不严谨、具体地关注实际使用，技术强大将仍然只是技术-经济世界的空话或梦想。

竞争产品泛滥，表现为对产品差异化的需求（图 5-2、图 5-3 就是满足差异化需求的例子）。工业设计成了技术人性化和创新研究的发动机。创新者们的眼光太过于集中技术方面。所以，将完全的住宅自动化管理技术结束吧，同样也结束一切繁琐的技术吧。

年轻人从骨子里接受网络。难道要求老年人必须跟得上形势么？信息技术，让一切似乎都成为了可能：手机和照相机的镜头直径只有 1mm 了！电子产品元件、芯片、微处理器已经减少到快没有的程度，这些都给设计师们留下了很多自由的空间。但是过度微型化也会使人们在使用上受限。

人们用实际污染比标示更加严重的汽车欺骗驾驶员。在加强立法的情况下，制造商将技术力量集中在验收测试中获得好结果上（甚至是他们带欺骗性的宣传上）。检测标准并不是最贴近现实的。

这些技术标准的制订是为了可复制，为了有一个可对比的基础。但是人们却不管它们的有效性。甚至在测算一个汽车的油耗时也会用最小油耗来"弄虚作假"，而不是取油耗的平均值。归根结底，是汽车来适应标准测试！这些技术测试系统不符合正常驾驶时的情况。大部分产品评估的标准也是如此。

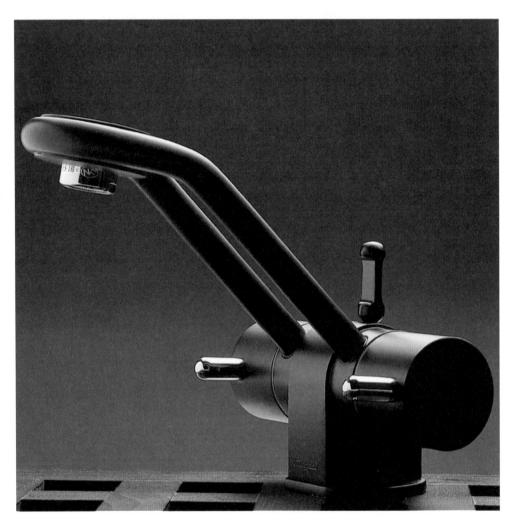

▲ 图5-2 水龙头系列，Mingori，1984

▲ 图5-3 包装站，希迈（Cermex），1998

# 第6章
# 设计与市场营销

对消费者需求的理解演绎方法，经常参照市场现有的产品。这种方法对于市场的研究过于无力，使设计师不知该如何回应，认为要"满足消费者的要求"，是一个过于笼统的、骗人的、荒谬的目标，设计师无处着手。

如果说市场营销人员是研究消费者——客户的购买动机和深层次的需求的话，那么设计师，首先会专注于满足消费者——用户。当设计师和市场营销人员之间存在真正的沟通和理解时，设计就能成为市场营销的补充。设计和市场营销虽然使用不同的方法，但都是为"客户的需求"服务，只不过要先对"客户"进行定义。

当产品经理没有技术或者设计知识，不懂或者不太懂产品开发流程时，团队工作是必需的，也是最棘手的。市场营销类的专业应该教授产品开发实践课程。

设计有时候会与市场营销形成一种冲突的关系。这个局面与对市场营销负面的、讽刺的看法有关，同时也与企业内部的利益冲突有关。虽然设计和市场营销可以被看作是非常互补的，但一方会觉得另一方侵犯了他们的领地。某些市场营销的理论家，甚至把设计归类为市场营销的一个工具。虽然这一观念已经被更正了，但是这种观点在市场营销中继续存在，并且在企业中挑起冲突和不理解。

设计因工作方式不同而有别于市场营销，设计的工作方式首先是设身处地地研究消费者——用户，而不仅仅是像市场营销一样只研究消费者心理。设计要把用户的舒适体验放在第一位。对于市场营销，消费者（此处代指客户）的"需求"只是要满足一些隐藏的欲望，而这些潜在的欲望通常是销售人员创造出来的，以便找到新产品来生产制造，使所有人受益。

市场营销只满足直接客户（大买家、分销商）的要求而不是最终客户。等过了一段时间，市场营销人员才会发现不应再混淆消费者和最终用户。这个错误会造成严重后果。

商业价值凌驾于使用价值之上。市场营销促使客户用不一定是他自己的钱去购买（贷款/信用卡），有时候只是为了让朋友们惊叹一番。消费者受到大量广告操纵，被错误歪曲的产品商业创意误导而去购买，失去理性而成为了一个消费–购买者，却忘了自己首先是个用户。

在与用户相关的方面，设计研究比市场研究有更多的资料支持。新的产品应该满足未来的需求，而对产品的满意度调查研究的却是已经上市的产品。我们有必要预测客户新的需求。相反的，假如市场营销的量化研究更好地定义了市场，它可以作为资源，可为设计师部分使用。

新产品的诞生要归功于设计师，虽然设计师的职能是有争议的。最终得以面世的产品曾是大家不知道的、不可想象的，甚至是从刚开始时就是不可能的。有太多给建议的人，碾压着那些可怜的、总是在困境当中的创新者们。市场营销人员故作深奥的理论从生态谈到可持续发展，现在又谈到"设计思维"，想告诉人们为什么创新者们会搞错或者为什么他们没有用上正确的方法！满意度的衡量现在只涉及已经购买的客户，有必要扩大到没有来购买的消费者人群。奉行教条的线性模型（首先解决技术问题，然后解决市场营销问题）的例子不胜枚举（看看协和飞机、气垫悬浮列车…）。相反，设计师愿意做对用户更有益的事情，而不是通过销售或者客户的短期行为来投机取巧（这样的产品才能被用户接受和喜爱，比如图 6-1、图 6-2 所示的产品）。

对于市场营销来说，最终客户是不存在的。最终消费者——用户也是不存在的。唯独"大采购商"能够提出他对厂家的要求。

▲ 图6-1 砂锅系列，Granistyl，2012

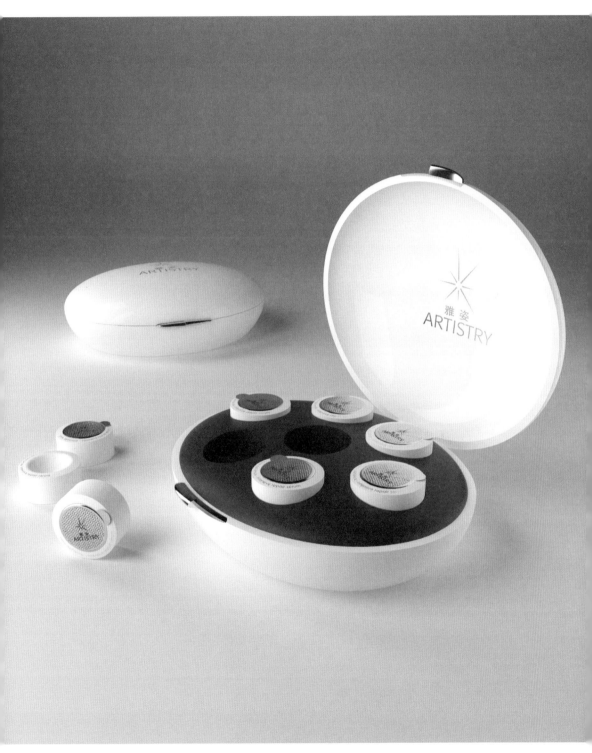

▲ 图6-2 化妆品，安利，2007

# 第7章
# 设计与企业

市场竞争和经济困境迫使企业必须通过设计来使产品有所不同。设计师服务于制造厂家或者流通部门，帮助他们开发工业化产品，征服市场。

## 设计的经济价值

首先，设计不是花费，它会带来收益。我们可以估计一下设计投入在产品总投资预算中所占的百分比，相比它带来的实际收益，以及决定着大部分客户和用户使用质量满意度和产品外观的重要性来说，投资在设计上的金额实际上微不足道。

人们看到企业花费大笔资金在广告或者必将失败的项目中，却拒绝同设计师合作获取可观利润的机会。设计师经常被看作是服务于市场营销的工具，人们可以利用它们，并在使用后将其扔掉。

## 设计战略

设计师们不会"傻傻地"遵循产品规范和生产上的条件限制，而是努力理解，赋予意义，找到一个愿景动机，去考虑产品的使用需求和外观美观。

设计师要具备知识、才干和动机。设计工作需要有数据、时间、资金、材料和设备的支持。

设计的价值对于企业来说不可估量，因为产品是通过使用质量和外观质量来体现其价值，并在市场上呈现吸引力的。

和市场营销、研发等一样，设计是企业职能中的一个。它不是一项特殊的活动，不像人们所认为的那样是大品牌专有。一个使用定制产品的上流社会，连同它们的明星设计师，都在女性杂志、设计杂志或家装杂志上标榜炫耀。对于设计师来说，其设计的产品销售畅旺比一张刊登在杂志中的照片或者获得一个设计奖项来得更加有价值。

"产品/用户/环境"交互界面更多属于日常工艺，而非天才工程师经年累月研究出来的尖端科技。企业缺乏工程技术设计师，是因为企业中通常既没有使用文化，也没有设计或市场营销文化。

预算的目标是在最短时间内实现利润最大化，所以是短期的。然而，一项产品因质量而产生经济效益之前，需要时间。设计师不是一个冒失的艺术家或者一个浪漫的理想主义者，他们有着创新的广阔视野。创新型的企业是那些敢于把自己置于危险当中，面对风险敢于投资、向未来挑战的企业。谨慎原则反而成了懒惰的借口。

设计师是变化的发动机，他的角色是构思更新、更好的东西（比如图 7-1 所示的产品）。对变化的恐惧是创新的阻力，然而对风险的恐惧是普遍存在的。设计师可以使企业在风险最小化条件下不断发展，他不是活在另一个世界里的另一种生物。

企业当中，特别是家族企业，以及那些仍然靠着自身产品的某项技术生存的企业，应该及时考虑设计"更好的产品"；同时在"销售力量"上，在某些所谓调查上，或者在糊弄用户也糊弄自己的广告上适当节省一点。企业应该重视项目中的团队工作。产品质量与企业中的人际关系有关。

设计师在工艺或者非工艺创新方面，有时候甚至是过程创新方面都有着多元化视野。在鼓励创意，并开发尚是处女地的使用领域的同时，设计师给予了技术一个非常重要的地位。然而比较时髦的词汇诸如可持续发展、生态学等都与设计师不沾边，就像人们认为设计师只是个艺术家一样。

设计师形象是应该被尊重的。但是，他们通常只是被看作存在于企业外部

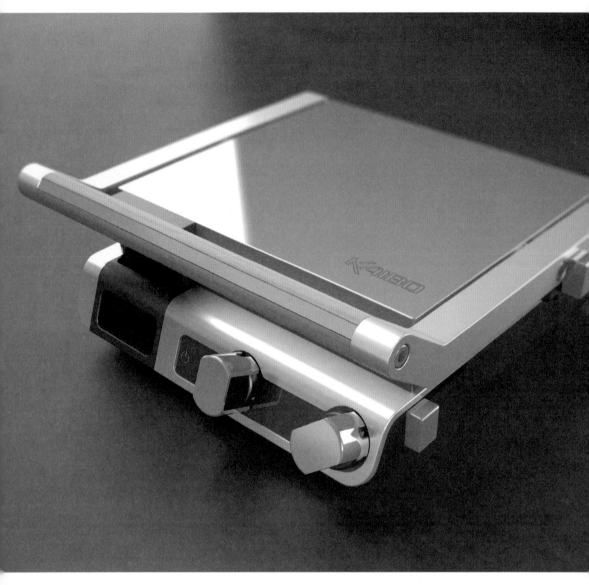

▲ 图7-1 烤肉机，凯博（Kaibo），2012

的、孤立的、有时候是可疑的、一个单独项目的供应商！企业领导应该支持设计师工作并且让人们周知。没有管理层的支持，设计师就容易受到排挤。管理层应该清楚认识到设计的作用和职能。在项目的这一阶段，越来越少的决策者、老板和领导们愿意参与设计决策，大多数都袖手旁观。

要给设计阶段分配更多资源，才能改善产品使用质量。"有用"的创新资源，才能使企业与竞争对手形成明显的差异化。

很多企业对于技术进步感到紧张，他们不知道如何规划未来产品。这就将创新置于瘫痪中。传统的常识只能衍生出过时的观念和滞后的方法，企业需要新创意。没有任何一个项目不经过讨论就可以在企业中强行推进。技术和市场营销人员需要正确看待别人质疑属于他们的工作范畴和权力范围的想法。企业的组织架构应该扁平化，以利于产品成功。

倡导创新意味着削减批评监督者的地位，为真正的设计者创造便利。设计的策略应该是前后一致的，符合企业的全面战略。

错误之一就是仅仅想要"跟风"，尽管产品有独特的外观，然而市场还没有准备好接受新产品。对于很多仅对产品审美外观有野心的企业来说，其结局注定是不幸的。

不管怎样，企业的成功需要具备技术能力和适当的商业结构。对利益的期望通常决定战略，要知道，一般来说，设计成本只占到营业额几个点，但设计会使企业挣很多钱。

企业领导们应该更多地参与设计团队的工作，特别是当企业发展壮大的时候。领导们应懂得倾听、鼓励、沟通和劝说，才能服人。而不是经常把位置留给无比肯定、自信自己真正懂得管理的小头头和年轻的毕业生们，因为他们可能会迅速地滥用被赋予的职权，其表现形式有：蔑视真正的客户和实际用户，不尊重设计师，把设计师看作是单纯的供应商等。

企业拒绝从外部来的创新，不为所动，而实际上创新是其未来财富的发酵剂。

图7-2、图7-3所示的产品，都是比较成功的设计案例。

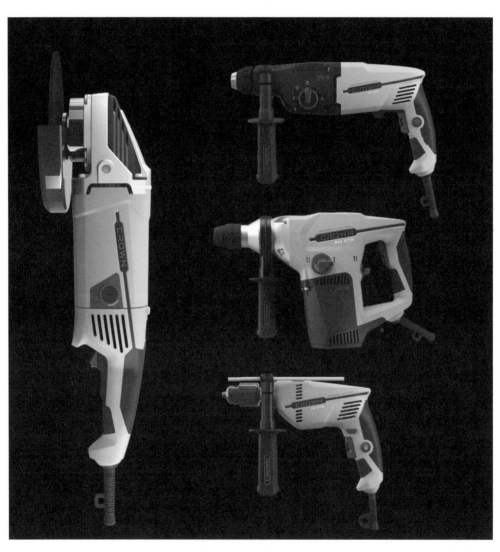

▲　图7-2　专业工具系列，皇冠牌，2014

▲ 图 7-3 酒店保险箱，亚大安全，2011

# 第8章

# 设计与环境

市场、广告和政府的宣传中要求我们改变消费态度，要减少浪费；然而也正是他们推动我们去消费。企业应该重新思考他们的生产，客户－消费者和用户－消费者们应该优化选择和更好地使用产品。

循环经济，一个新的时尚概念，目标是制造更容易再循环利用的物品。这并不能总结为容易回收。因为不是一切事物都能再循环。原材料的问题只是从理论上解决了，即使是使用最完美的工艺手段，回收再利用时对原材料也总是有损耗的。产品组成的复杂性，塑料及添加剂的混合、合金，混杂交错的原料和金属等使得材料不能被全部回收。

那些"正能量"大楼仍然是由工程师设计的大楼，大部分所谓"未来"的产品，乃至于高铁，都充斥着电子器件、传感器、添加剂或者稀有金属。

潜在的消费者——客户和用户的数量大幅增长，迫使我们要以新的方式来满足用户的实际需求，同时降低对自然资源的使用和危害。如果人们不掌握有关产品使用的信息（实际上非常匮乏），那么改变新的消费层次或者生活方式将是虚幻。

如果不质疑和重新思考所有诱使购买的手段，就没有可持续发展。没有真实的信息帮助人们购买和使用，个体又怎么能够进入一个可持续发展的社会呢？只买被宣传成的

"好产品"并不是一个好的基本方向。

可持续发展必须考虑使用和环境（图 8-1 所示的情况不能再发生）！另外，在可持续消费和应实施的战略上不存在共识，尽管有 COP（缔约方大会）这样的组织已经付出了很多的努力！

▲　图 8-1　海洋环境污染

循环利用很重要但是还不够。必须抵制那些"绿色环保主义者"的矫枉过正，他们通过消除人们的罪恶感，说服人们为地球环境做出贡献，而实际上却让人们购买了更多的产品。再没有比我们买了一件产品但是却不使用而更加"反生态"的了。

# 第9章
# 产品设计

## 产品设计的定义

设计可以创造适合用户和商业竞争的独特产品，这会为企业营造形象和声望。

真正的新产品设计不单单是设计一个塑料外壳，也不仅仅是对材料或者制造工艺进行更好的技术利用。重要的是，新设计概念具备真正的使用质量、美学质量和环境质量。新的购买行为表现为对产品使用质量和外观质量、使用成本以及环境质量有新的要求。

设计可以提升产品档次（不一定提高售价），紧贴国内和国际市场，找到新趋势。设计同时是勇气和决心的一次考验，目标是把想法转化成产品（就像图 9-1 所示的产品）。

这里建议的步骤并不是什么神奇的方法，而是一个使选择结果能够最大程度适应不同需求的指南。仅仅通过聪明、技能、好品味或者设计师直觉而实现的"好成果"已经不再适应形势了。躲在"美观"的后面，艺术家们是不会负责做决定的。

经济危机导致国际分工的变化，制造业在某种程度上重新部署。这种重新部署就意味着企业的建立和新产品的创造。经济危机不一定制约创新。前述的制约只是意味着我们

▲ 图9-1 打印机,川田科技,2003

不能再"野蛮创新",而是要生产"更有用"的产品。

## 反复过程和折中方案?

创新让设计师感到快乐!

设计一个产品不是计算一个结果或者玩拼图游戏。每个可能的解决方案在面对待满足的条件时,都有其优势和不足。当然要将优势发挥到极致,尽可能减少不足。

设计过程并不是如本书中所写的步骤顺序那样线性或者"机械性"地进行的,它可根据项目的不同需要进行调整和组合。相反的,它是以连续反复方式向前推进的：解决方案的建立是渐进的；为了满足相互矛盾的条件，或者为了优选某些选项，需要不断进行建设性的妥协。换句话说，没有唯一的解决方案能够同时满足使用功能、技术和市场这几个方面的设计要求。只能说这些不同的解决方案对每个需求的相对重视程度不同，但是明确地、决定性地均衡所有条件几乎不可能。

在设计时，虽然有功能、统计或价值等分析方法作为支持，但如何取舍仍然是由人来决定，而不是由机器决定。人们所做出的这些选择有些是清醒和明确的，有些则没有那么清醒和明确；有些是有方法、有条理或根据上下层级做出的，有些则不然；又或者相对于设计和深化的过程，或多或少是过早或者滞后的。

设计是一个需要不断反复的过程，而解决方案是折中和妥协。媒体总是关注创新中最吸引人（却可能不是最主要）的方面。我们必须学会从错误中吸取教训，失败并不能阻挡设计师的热情，他们深藏着有点疯狂的野心，希望不久的将来就能够成功。失败只是必要的疼痛，不必夸大。

对于设计程序，过于线性的看法不适用于创新，失败与成功本来就是相连的，失败是一种学习方式。只是犯错要尽早，某些项目需要及时刹车。与其花费大量时间在技术上做文章，不如尽早面对真实的情况。例如，在人们因缺乏条件没有进行本应该认真做的使用分析时，就应该先制作一个功能模型，来观察使用者的反应。

## 组建一个"设计-市场-技术"跨学科团队

在产品开发缺乏方法甚至是缺乏组织的情况下，我们就会要求设计师做"类似而又不同"的产品。这样只能说明企业战略和市场营销战略都是空白。

设计师应该负责使用和外观，工程师负责技术价值，市场营销负责商业价值。人们过于把技术和设计对立起来，把市场和设计对立起来。实际上这三者应互为补充，需要重新平衡。

没有对使用和环境质量的认真研究，那么潜在的技术创新就会被乱用和糟蹋。

设计师关心最重要的因素——使用，因此他在产品开发中扮演着重要角色，是整个团队的核心。在设计时，最佳折中方案的选择，应该是在这个开发团队内部进行，而不是由上级决策。内部成员虽然是出身自不同的专业领域，但是应该和平共处。

独自一人工作的设计师是达不到跨学科团队高度的。这个团队中的所有成员加在一起比任何个体成员都更加具有创造性。所有人都可以进行创新，能够推进创意、与别人交流创意、用别人的思考滋养创意的能力才是与众不同的。

应该通过建立生气蓬勃的组织结构来为这种演变创造便利，而不再由技术或者市场来主导。为了激发创新能力，要利用不同开发阶段的互补性。无论它是以一种新的技术形式呈现，还是以一个新的外观的形式呈现，创新首先是团队活动的结果。设计方法和创新应该在这个包含了设计、技术和市场的跨学科团队中萌芽，成果远超过简单的美观外观（如图9-2所示的产品）。

在不断的激励下，设计师应该发扬他们自身的首创精神。这样的团队中不能有"执行者"，因为问题并不在于了解设计师是从属于工程师、市场还是反过来。在实际工作中，每个"阵营"（技术、销售、设计）都有自己的专业术语和理论，但不能批评得太多。

为了改善产品使用质量，特别是改善使用的方便性，必须给开发阶段分配更多资源，同时考虑营销要求和生产约束条件。每个人都要明白别人的成功对于自己来说是一个机会而不是取代自己。协商、消除隔膜、灵活变通、相互理解和适应应该成为核心思想。

文化多元性迫使我们用他人的眼光看待事物，这是构成创新的一个因素。设计、技术和营销应该组成团队，而且在团队中每一方合作者都要认真对待其他方。

开发团队的自主管理，应该在某些情况下代替沉重且成本高昂的层级管理。创新不能继续局限在研发部门。整个团队都应该以一种"建设性"的态度参与所有的妥协和折中。团队成员文化背景不同，所受教育不同，阅历不同，从而激发了创造性。创新诞生于跨学科的团队，当暂时远离自己的学科时，人们就有了更多的机会创新。信息技术、电子、电话、摄影等的交汇融合会诞生创新，过去人们认为这些行业都是非常不同的，但正是由于不同，才使得我们有机会向其他人学习。

团队工作应该更加集中在解决方案和结果上而不是问题上，不要因为看到

▲　图9-2　收银机，川田科技，2011

一个问题就停止项目，而要把问题作为一个学习和证明自己能力的机会。正因为有团队，不可能才变为可能。

　　一个项目的成功不是每个人的成就叠加。它依赖于现有物品和目标质量，但是目标经常是没有的，或者是不确定的、甚至是乌托邦理想化的。团队中的所有成员有着共同的利益，他们需要结成联盟，行动一致。否则，就会出现单打独斗、相互对抗的局面。例如有人对项目或者创意进行批评，就会引起被批评方极大反感，以为是对他们能力和本领的质疑。

必须采取行动对设计师、市场和技术人员进行培训。目前不同的职业教育相互分隔有助于形成公司精神，却阻碍了设计和创新的发展。所以说企业要改变传统的创新方式了。

# 第 10 章
# 设计与使用分析

## 什么是使用分析？

　　使用分析研究的是物品、用户和使用环境之间关系，这三者之间的关系组成了一个动态且复杂的系统，使用因素的研究可为设计和方案、产品的选择提供评估要素。使用因素的分析和评估会与其他强制性的影响因素（营销和技术）形成制衡。使用分析的研究领域不仅仅是现有产品，也包括将来"真正"应该存在的产品。

　　一个物品的使用不仅仅局限于单纯的利用，它还包括大量其他需要遵循的使用功能和因素，这些因素与要达到的目标没有直接联系。然而，现有的认知仍然比较局限，不够深入，所以在设计中引入这个重要维度非常有意义，因为这个维度的研究决定了设计的方方面面。

　　一个正在使用中的物品从来都不是孤立的或者毫无生气的。在物品、用户和环境之间，一些复杂的关系已经建立起来（见图 10-1、图 10-2）。从材料特性和技术功能来看，日常使用的物品嵌入在物理环境中，并成为一个更加复杂的物质系统中的一个组成部分，例如，冰箱（在欧洲）通常情况下是安置在厨房里的。这种使用环境中的物理嵌入不可避免引起空间占用、技术联系、物质、能源或信息循环、组成成分与周围生物之间的"相邻关系"。而且，随着时间的推移，这些关系会变得更复杂。并非在产品、用户和环境之间所有的复杂关系都能被足够严肃地对待。

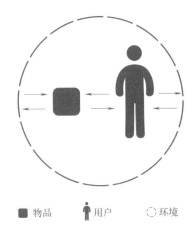

■ 物品　👤 用户　◌ 环境

▲　图 10-1　物品、用户和环境之间的相互作用

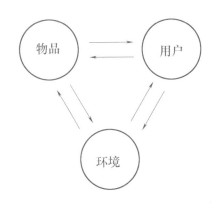

▲　图 10-2　物品、用户和环境之间的关系

　　为了证明上面所说的，只需要几个控制装置或者可视控制设备即可，比如一个简单的炉灶、一套音响、一个汽车仪表盘、一个淋浴冷热龙头或者一个火车票售票机，就不难发现有多少误操作、麻烦，甚至有时是事故，都是可以避免的（比如飞机事故……）！

　　与那些有直接经济效益的、呈现出高事故发生率的活动或者军事领域的活动相反，人们对于家庭活动或者那些公共和半公共领域的活动，都没有进行足够深入的使用研究。

　　随着时尚和生产方式的快速更新，产品的新品种和新式样每年都层出不穷。遗憾的是，这些产品的吸引力主要是"新"，而不是比它所要取代的产品有着更好的使用质量。

在用户、产品和周围环境之间会有很多事情发生。对于基本使用标准的忽视会产生很严重的后果。比如在浴缸（用作淋浴而不是泡浴）中滑倒引起受伤。总体上来说，源于家庭事故的意外死亡不可忽视，无论儿童还是成人。

物品（一般是耐用的成品）使用周期（见图10-3）不同阶段的主要功能如下：

– 选择：能够达到预定目标的使用方式的选择（为了更高层次的活动）。

– 获取：获取这些方式或者享受，支付所产生的费用。

– 嵌入：在生活环境中嵌入、安装或融为一体，无论是否运转的状态。

– 使用：准确地说就是日常物品的运转使用，作为一个整体来提供一种服务（而不是只扮演一种工具的角色）。使用一般是在空间和时间上带有更多外接功能的、一个重复的周期。

– 维护保养：必要时存在于使用周期之间，基本上不可避免，除非接受缺乏保养时的不良后果。

– 报废：除了特例，物品变成废品、垃圾，有时候变成回收材料。

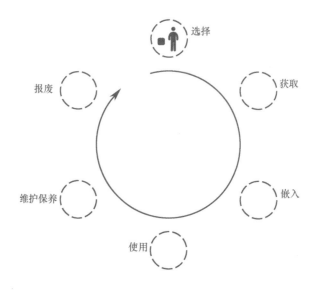

▲　图 10-3　物品使用周期

使用周期（从人的角度，见图10-4），在空间和时间上，通常是一个重复的过程，每次以用户面对物品以获取预期服务作为开始。主要过程如下：

– 拿取：到达物品所在地方，辨认，从收纳处取出。

– 准备：安装一台机器；装上附件；通电；准备必需的工具或者要处理的材料；准备所需的文件、许可、付款、用户的身体状况等。

– 操作：使其运行，发送指令，指导和控制操作；操作工具、机械部件或者材料；处理信息；等待预期效果；承担事故风险等。

– 享受：享受取得的结果、得到的服务以及由此引发的效果。享受事物新状态及所产生的效果；消费所得到的产品；面对或使其他人面对理想或不理想的结果；面对所引起的危害（反功能服务）等。

– 维护：为将来使用而进行的维护。扔掉废料，清洗物品和周围表面；把拆下的元件再装上；保持良好运行状况；修复设备损伤或物质损伤等。

– 待机：置于待机状态。将物品收纳或者留在一个特定地点；保护物品不受外界损伤或等同弃置（直至下一次使用）等。

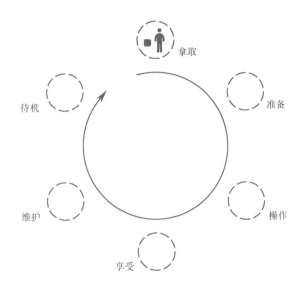

▲ 图 10-4 使用周期循环

## 使用情况调查

设计师应该从他的工作环境中走出来，去了解用户。因为他自己不是用户，即使是用户，也不是唯一的用户，所以就不能仅仅依赖假设、想象甚至是确信，来代入用户的位置。

使用场景、用户和使用环境是多样化的。设计师应该在"情境"中观察和分析。开发者应该更多致力于文化、思维过程、风俗习惯，甚至是一些国家的宗教信仰等研究。

相比调查数量（15 个左右就够了），面谈（谈话/沟通）的多样性和质量更重要。一些"极端的"使用情况对于分析更有意义，例如，在中国用冰箱保存活鱼、给植物或者给狗除尘等。正如分析所表明的那样，家庭事故多于交通事故，但是在媒体上报道的数量却比交通事故要少得多。

用户也不能用实验室的小白鼠代替，就像在一些宣称是"使用"测试，却与真实的使用条件毫不相关的测试中所做的那样。那些所谓的"生活实验室"，对"用户群"做的使用测试都是幌子，使得近 30 年来所做的严肃认真的使用分析和测试贬值（见参考工作结束）。

调查使得各种现场使用情况得到具体识别：用户类型（受益者、使用-操作者、非受益者、消费-支付者），他们的活动，使用环境，周围环境，随着时间的推移产品在使用中的状态。

与其说使用情况调查是对新产品做的一个真实的市场调查，不如说这是一个事先调查，是由实际用户参与进来，针对现有产品分析目前的情况，进行批评。要对遇到的多种使用情况进行检测和量化（以吸尘器为例：外表涂层类型、安装类型、要除尘的物品类型、灰尘和微粒类型、用户类型）以及对使用不满意的根源（设备的使用寿命、故障、重要选项的标准、使用问题等）进行分析。

由此得出用于深入分析的整套工作指标。绝不能通过观点、意见来评估产品，而要通过某些使用因素评价标准来支持定义。这并不是一个市场营销中常用的满意度调查，而是为更深入的分析而准备的对深入细节的观察，对真实情况、对面谈的描述。它可以延伸出一些建议，但并不是寻找创意。

使用情况调查更多的是一些半直接的面谈（讨论），有时用一些问卷，甚至是一些自由的交谈，没有什么提问，有点像是深入的谈话。调查也不能指望那些"专家"，调查对象应该是真实情况中单纯的用户。调查者不能掺入他的个人偏好，更别说其他人的。用户的回答与实际情况间存在一定差距可以解释为用户对于说明自身特殊癖好或"奇怪想法"的担忧。

示例：马桶盖和马桶垫圈使用情况的调查问卷。

关于马桶盖和马桶垫圈使用情况的调查问卷

摘录，先普卫浴（1989）

当您掀起马桶盖，用完之后会盖上吗？

○ 是的，总是会或差不多都盖上　　○ 是的，偶尔盖上

○ 不会，从来不　　　　　　　　　　○ 不会，但是我会想办法让它自己合上

当您站着小便时，您会掀起马桶垫圈吗？

○ 是的，一直这样　　　　　　　　　○ 是的，大部分时候这样

○ 是的，有时这样　　　　　　　　　○ 不会

当您倾倒婴儿便盆或者废水时，您会掀起马桶垫圈吗？

○ 是的，一直这样　　　　　　　　　○ 是的，偶尔这样

○ 不会

您用刷子刷马桶时会掀起马桶垫圈吗？

○ 是的，一直这样　　　　　　　　　○ 是的，偶尔这样

○ 不会

当您掀起马桶盖或马桶垫时，都是如何操作的？

马桶垫　马桶盖

　○　　　○　　　　用手（两三个手指）

　○　　　○　　　　用手指尖

　○　　　○　　　　用一小块纸捏着

　○　　　○　　　　用脚

　○　　　○　　　　其他方式，此处可详细描述……

您是否有坐在厕所马桶上消磨时间的习惯？

○ 只有在必需的时候才会　　　　　○ 读书看报时

○ 玩填字游戏、织毛衣、做作业时　○ 给自己脱毛、化妆、剪指甲时

○ 听广播和音乐时　　　　　　　　○ 发呆或"做白日梦"时

○ 其他情况，此处可详细描述……

哪种姿势是您最经常采用的？

○ 自然坐下，就像坐在凳子上　　　○ 身直坐下，身体挺拔

○ 坐时背靠马桶盖或者马桶储水箱　○ 躯干微微前倾，前臂搭在大腿上
○ 躯干微微前倾，双臂抱在肚子前　○ 其他姿势，此处可详细描述……

最后设计出的马桶垫圈尺寸设计图如图 10-5 所示。

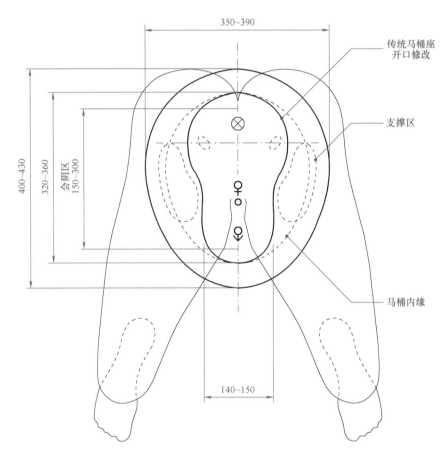

▲　图 10-5　马桶垫圈尺寸设计图

　　真实情境调查是了解实际使用的唯一办法，应该透明操作。我们不能评判用户，也不能用带有指向性的问题来操纵用户。调查不能用来"操纵"，更不是肤浅的"街头采访"，它的目的不是为了销售。调查工作需要出差，但这并不总是在设计师的计划和预算中。

　　从以前到现在，使用分析的复杂性一直被低估了。使用分析属于设计领域，然而这方面的培训水平还不够高，不符合开发者的需求。

　　随着社会经济结构复杂性的不断增长，生产链中的中介数量，例如对未来

用户的诠释者，也在不停地增加。这些诠释者当然不能够以未来用户的名义去进行相关活动，但是他们却拥有选择权和决定权。因此在诠释用户的需求和要求时，责任就不可避免地被稀释了。从设计阶段到使用阶段都在采用的使用标准被证明是扭曲和失真的，社会-经济系统的实际情况和对使用需求的真正考虑之间逐渐形成了令人担忧的鸿沟。

对于更好的技术和经济资源开发的研究，以及对于每个人拥有更好的日常生活质量的追求，迫使人们把使用要求和使用因素认真地考虑在其中，这对于技术和市场营销也是有好处的。

使用方面的研究只能通过反复研究日常生活或者职业生活中的产品的"实际"使用情况来发展，通过实验和模拟方法补充完整。这就要更进一步理解产品质量的概念，而不再单单考虑技术性能、耐用度、安全性、适用性能等标准。

把用户关注点综合进来并不会导致开发（和选择）过程中的混乱。但这并不意味着可以毫不费力。只是需要在适合的时间采取某些适合的方法，而这些方法来源于使用功能分析。通过比较的形式来开发利用，这种分析能够迅速而系统地标出提供同样服务的竞争对手产品的优势和劣势。

这种分析带领我们制订使用性能估算表，这样就能够方便设计者的工作，提高他们的"生产力"，而且不会阻碍他们的创造力。所有对于技术商业的考虑和推测（材料性质、结构、制造方法、产品形象、购买动机、市场占有率等）在这个分析阶段都是被排除在外的。

从工作方法来看，要在第一时间研究"现有情况"，特别是在不同使用情况下，有利的和不利的后果，以及不同解决方案的优点和缺点。

在设计阶段，对于使用功能的挑战，总的来说就是相比竞争产品，取得"优势"最大化，将"劣势"最小化。

## 使用功能

使用功能包括基本（服务）功能、补充（服务）功能和可能的附加（服务）功能。

只有作为物品类型或者所研究的日用系统存在的条件，一项使用功能才是最基本的。换句话说，就比如"如果目标 X 存在，那么对它的使用应该至少能使人们得到 Y 的服务",然而这句话反过来说就不一定对了。

说到一个系统的使用功能,就要回答以下问题:"对物品的使用能够使人们做些什么? 得到什么? 确保什么? 受益什么?"。

使用功能不能混同于"工具功能","工具功能"被认为是系统应当履行的功能(在某些使用条件下仪器和工具所产生的物理作用)。

使用功能会影响产品的线条和造型特征,以达到使用的便捷性和耐久性。

作为工具,由于其具有实用性,工作中的物品就会产生或导致客观的物理结果。例如,订书机的工具功能,就是装订,也就是按压顶端弯曲的金属线或者金属片装置,用来集合半坚硬的不太厚的材料(如纸张、包装……)。

在这种情况下,物品惯用名称更多参考其工具性角色而不是人们可期待的、物品在使用上的服务性质。比如说一个家用吸尘器,它的主要用途应该是除尘,而不是抽吸。

但是有时候会出现对中间装置的研究,也就是说关于更加复杂的系统中的一个次级系统的研究,次级系统本身就可以在使用上提供服务。比如说一个马桶盖或者一个窗帘杆。在此种情况下,所研究的装置的使用功能与它的工具功能是混合在一起的。某种程度上来说,它是一个不能直接提供"可消耗"服务或者有利于用户的服务的工具。它只是为更大的系统(比如说马桶坐垫之于马桶)的运作做出了贡献。只有到了这个层次,其真正的使用功能才能够被分析和评估。

**示例: 住宅自动化管理系统的使用功能分析**(基本上也适用于某些智能产品),勒格朗研究(1994),摘录

要考虑的是这个系统有什么用,在使用上对于它的受益者会产生一些什么样的结果,而不是考虑在某些运行条件下系统所产生的物理功能(通讯、显示、触发警报、遥控……)。

从设备本身来说,一个住宅自动化管理系统可以被看作是一个"安装在住所中的、协调的整套系统,各个装置之间互相连接,使用时,家用设备之间以某些方式进行通信"。

从这个角度来看,一个住宅自动化管理系统仅仅是从属于一个更大的系统的一个附属系统,这个更大的系统某种程度上就是"为了在里面生活而装备

好的私人空间"。

住宅自动化管理系统的工具性概念不一定涵盖所谓"智能家居产品"这样一个商业实体，因生产和销售的经济原因，这种"智能家居产品"的概念有时候会更加局限或更加广阔。促使人们使用"住宅自动化管理系统"的高层次的原因，可以浓缩为一个问题"为什么要有一个住宅自动化管理系统"，以下内容算作回答：

– 为了当下更好地生活（"自由支配自己的时间"和个性化定制）。

– 为了方便日常生活，包括居住和家庭活动（在住宅内和住宅外的日常）。

– 为了享受更舒适的环境（室温、湿度、照明、音响效果、卫生条件）。

– 为了自身安全和面对万一的风险（偷盗和破坏、灾害、故障和失灵、袭击、遇难）。

– 为了享受更多、更友好的社会人际关系（打电话、交谈、留言）。

– 为了更好地得到信息、通知、警报。

– 为了告知他人或者说服自己其社会地位和对现代化生活的偏好（更准确地说，我们所做的和我们要自己做的）。

与单独安装的家用器具和设备所提供的服务相比，一个住宅自动化管理系统能带来哪些更有效的服务呢？

这正是这个系统的基本使用功能所在。

换言之，如果没有住宅自动化系统，在使用时，有哪些是无法完成、无法获得或无法保证的呢？

没有住宅自动化管理系统的话，使用不同家用设备的用户就不能远程或者在住宅内外的不同地点得到服务情况的信息，无法得知突然发生或正在进行的状况，也不能随心所欲地介入以改善情况或者对危急的情况进行补救。

因此，一个住宅自动化管理系统的基本功能性服务，从本质上来说，是住宅（私人领地）内可用设备的使用方便性。

要使住宅自动化管理系统能够如声称的那样，确实在环境舒适度、制止、警告、紧急呼叫、社交或者音频视频播放方面提供使用功能服务，它就必须要纳入各种能够使其提供该服务的家用设备。

当这些设备被纳入进来，它就成为了一个日常生活的"超级系统"，能够使住所的用户受益（受益住户）。但是这个超级系统根据它所包含的设备种类不同而使得每家每户都不一样，并不符合产品-系统的概念。

如果不包含这些家庭设备，一个住宅自动化管理系统看上去只是一个中介工具，来简化和方便住宅中的一些用户-操作者的生活。

比如，用户完全可以在他的卧室通过住宅自动化管理系统中的一个终端，在冬天到家前通过一个移动电话就进行操作，而不必亲自去地下室查看或操作自家锅炉的仪表盘。

从严格意义上的基本使用功能来说，一个住宅自动化管理系统能够进行远程操作，以及在不同地点对住宅进行操作：

- 根据要求及时了解情况。
- 得到突发事件的提醒。
- 得到警报，以便随后采取行动。
- 对预期的服务特性施加影响。
- 命令装置启动和停止（根据方便和需要）。

这些功能是一个住宅自动化管理系统存在的先决条件，它并不明确指出消息、提醒、警报、预期服务、遥控装置的性质或来源。

系统开发是为了给这个住宅里的那些用户提供更多方便，以上信息都反映出了住宅自动化管理系统的开发特性。

## 示例：卫生间马桶的使用功能研究，先普卫浴（1985），摘录

一个卫生间马桶的使用功能明显不能解决所有的生理必需活动，这些生理活动可细分为不同的子活动或者子操作：

- 在适当的时候准备好马桶。
- 部分拉起或适当打开衣服。
- 采取确定的姿势（坐、蹲、半蹲、悬停、两个腿分开站立）。
- 心理-生理上准备好排泄（括约肌交替收缩和放松、可能的精神集中）。
- 或连贯或不连贯地排出粪便、放屁、小便或者其他残留物质。
- 揩拭、沥干或者清洗（卫生纸、湿巾、清洁垫、清洗/烘干装置）。
- 用水冲走排泄物、冲洗便盆，如有必要用刷子清洗。
- 重新穿好衣服，整体上回到初始状态。

在这个过程的不同阶段中，不是严格按照次序的，有时候会出现一些复杂

或者意外的情况，使"排泄"变得不那么惬意。比如物品不凑巧掉进便池，特别是卫生纸、腰带、口袋里的零碎物品、首饰；排泄物或者冲水溅到了屁股上或者马桶座边缘；悬空的物质忽然落下，水滴溅到会阴部位，或滴在马桶上，或者蹭到衣服上；尿液没控制好溅到马桶和周围，孩子的屁股卡在马桶座里；马桶盖突然落下，要么"切断"站着小便的男士的尿流，要么盖打在阴茎上，或者男孩扶着尿尿的手上，又或者砸到正半蹲在马桶上方的女人的屁股上，等等。

另外，在前面的操作中可能有些会与某些辅助的活动叠加或者交错，比如：

    – 读报或读书，听广播或唱片，剪指甲，沉思等。

    – 某些卫生预防措施，习惯或者"怪癖"：观察粪便、重复冲水、每次清洁垫圈、在坐下之前把卫生纸垫在马桶圈上，用卫生纸捏着提起马桶盖或用脚提起马桶盖等。

## 使用功能示例：准备食物用的器具，摘录——SEB（1990）

不要将器具的使用功能（也就是器具用于做什么和对于受益者产生的结果）和它的技术与工具功能（在某些使用条件下，设备和工具所产生的物理作用）相混淆。为此，应参考器具（在使用上）所提供服务的用户——受益人的情况。

如果用户——操作者的首要目标是为任何可能的目的而将食物进行转化，那么其使用的基本目的，实际上就是拥有经过思考计划的食材，这些食材或被直接享用，或被用于烹饪。

最终是要做出菜肴或饮料，保存或长或短的一些时间后，呈献摆放出来，供受益者食用。这些菜肴或饮料要让受益者吃得心情舒畅、津津有味，至少没有任何不快。从这个角度说，一个多功能料理机的使用功能性与那些提供同样服务的机械或者手动设备的使用功能性是完全一样的。

因此，在使用功能服务方面，只有结果的真实感官体验质量才是最重要的，包括视觉、直接或非直接接触菜品的手的触觉、肌肉运动知觉、口部与喉咙的感受、味觉和嗅觉体验等。

获得同样的感官体验质量对于受益者来说非常重要，虽然重要程度不同。

受益者（美食家们）是指享用胡萝卜丝沙拉、千层面、蛋白霜或者水果蛋糕的人们，他们是不会管这些胡萝卜、肉类、鸡蛋白、蛋糕面团等是用手还是通过机械或者电动设备加工出来的。

一个电动设备所提供的或者应该提供的"服务"（从该词的一般含义说，就是对人有用的、提供帮助的），是针对用户——操作者的。原本用户——操作者是需要用刨菜板、刀、切菜板、剁肉刀或者菜刀、搅拌棒或者两个叉子等来进行同样操作的。

但是这里谈的并不是食品制备工具所提供的使用功能服务领域。而是一个关于操作、便利性和安全性的领域，尤其是为获得一个预期的（质量上和数量上的）结果而进行操作的方便性和快捷性。

## 补充功能

补充功能应该与基本功能在时间和空间上呈现或松或紧的关系。一般来说它是系统工具功能可能性的延伸和扩展。

如果使用功能不是必不可少的，即便它是由系统主要工具功能产生的，那么它也应被看作是补充的。例如，是否可以坐在或者蹲在卫生间马桶盖上，用一个家用吸尘器除去大块垃圾或大滩水迹，又或者是否可以用一个吹风机吹干婴儿的屁股。

一旦纳入到一个物品的整体使用功能中，补充功能（或附加功能）就应得到同基本功能一样的深入研究。不是说在物品上硬加很多花哨的功能，而是指要达到一定程度上的可利用的多功能。

在某些情况下，所使用的系统应该永久或者临时配置一些补充功能，这样就可通过转换机制或无须转换机制，用于其他用途。

这些是在基本功能之外，受益者可能会希望获得的服务功能。利用材料的技术能力或工具能力，甚至结构特性，通过或不通过补充装置，用于一些偶尔的、与其初始功能不相干的使用情况。

要注意的是，不能因为这些服务的"非基本"特性而否定其可能的重要性（某些使用场景中有特别的意义或重大商业利益），也不能否定其对使用可能产生的关键作用（比如使用的复杂性增加）。

比方说，为了使一个冰箱变得有"未来感"，给它增加一个显示屏、几个传感器或一些新的"功能"：上网、扫描里面的内容、通过网络自动下单购买补充食物等。这些想法可能会让经常缺乏创意、不知如何让产品差异化的市场营销人员很高兴，但这并不等于我们就赋予了冰箱智能（大宇，1996）。我们可以通过外观赋予产品未来主义的感觉，如图 10-6，而不是为此而勉强增加一些附加功能。

▲ 图 10-6 未来主义风格的家用电器

附加功能

说到附加功能，是指通常情况下偶尔能用上的服务功能，它与物品的基本使用功能没有直接联系。比如，螺钉旋具的附加功能可以是用来在 DIY 时混合配料或者用来撬开一个东西。

　　这不是要在物品上硬加很多花哨的功能，而是指要达到一定程度上的可利用的多功能。非常多的功能和工艺被纳入到创新当中，也会导致产品使用起来更加复杂。

## 额外功能

　　额外功能涉及所有受益用户认为有利的方面，只要在受益者或第三者眼中欣赏这个额外功能。这些源于产品形象和使用的额外功能可以是审美的，也可以是象征性的。

　　一个产品的形象，既承载着潜在的源自于产品外形和图案线条（材料及其特征）的感官感受，同时也发送可识别的标识和社会文化符号。这种形象对所有努力去欣赏、关心、用心感受和乐于发掘和诠释日常物品的额外功能的人是有意义的。

　　除了对外形（整体结构或外形因素）的感受，也有对表面材料（纹理、色彩、表面处理）的感知带来的纯粹的审美情绪或者单纯的视觉愉悦体验（比如图 10-7 所示的产品）。

　　在通常被衡量或者影响一个产品的选择的标志符号当中，我们举例以下相关因素：

　　－用户的社会地位（实际身份或者他们想要展现出的身份）。

　　－尊重文化常态和当下流行趋势（原型、随大流）。

　　－与偏好、品位和生活风格相符合的主流趋势或表现形式（性能技术控、现代前卫、标新立异、安静私密、沉稳古典……）。

　　－面对市场竞争（沙文主义、排外思想），推广宣传或保护国产及本地产品，或者正相反，表达一种世界公民的姿态。

　　产品，使人产生感觉和情绪，或愉快或惊喜，因此令人向往。产品会引起认知方面的反应，如兴奋或困惑。例如，在与他人的交往关系中，拿着最新款手机的人总是显得有些骄傲。

▲ 图 10-7 防水移动电话，Smartcell，2008

## 使用、安装和维修的操作功能

这些是关于使用简单性、方便性和安全性的因素。操作功能既包括功能性
服务的获得，也包括在过程中系统虽介入但不提供服务的各种事件。这些操作
功能在某种意义上构成了使用"束缚"，使得用户或者其他用户——操作者很
容易绕过。

这些操作功能的规划力求尽可能的"普遍通用"，能够适用于多种类型产
品或特定的装置，不论其有些什么技术或工具特殊性。这就是为什么没有指定
要操作、要开动或者要在使用过程中控制的装置类型或工具类型的原因。

需要注意的是，在实际使用中，操作功能没有严格的先后顺序，虽然这样的分解看起来是有顺序的。一个用户——操作者可能需要在过程的多个状态中介入，可能是出于对状况的担心，也可能是受制于不同的制约因素（因时间不同而变化）。另外，用户也会因疏忽而弄错，改变主意或者根据一个最适合他的顺序采取行动。

某些操作性功能，多少是有些枯燥乏味的。比如说汽车，除了更换瘪胎的方便性、千斤顶的易用性、寻找使用手册的必要性、找到使用手册和理解手册里的说明的方便性，用脚（或不用脚）拧下螺母所花的力气，还包括以下方面：

- 对雪地行驶链条如何安装的易理解性。
- 安装一个婴儿座椅的便利性。
- 放手包、太阳镜、纸巾盒或者手机的地方……

## 示例：准备食物的机器，操作功能研究，摘录- 法国赛博集团（1990）

系统的启动，烹饪活动开始。在烹饪活动当中，根据要准备的菜肴，系统的整体或部分与其他物品或装置相关联，不同程度地重叠和互相影响。系统的使用不局限于系统启动和获取结果，它包括以下重复操作功能的集合：

- 安装系统/收纳（机器＋零部件）。
- 选择合适的位置。
- 放置机器，收纳好（放置在工作台上或者收纳台上、移动、摆放）。
- 打开、展开/卷起、折叠、重新恢复到使用状态、收纳状态、根据工作台放好电线。
- 接通电源、断开电源。
- 检查系统状态使其能够正常工作。
- 插入/拔下电源插头。
- 检查机器有否接通电源。
- 处置工作需要的各原料。
- 拿取系统中分离的部件。
- 拿出放好附件。
- 短暂等待（放下）。
- 收纳整个或部分系统（不可直接拿到）。

– 根据收纳地方收纳分离的部件。

– 收纳（恢复到基本设置的）机器。

所谓操作功能，是指假定用户——操作者进行一个或者一系列的行动：感知和识别，思考和决定，操作或指令，评估和检测。一项操作功能一般要实施一系列组合行动，目的是为了达到具体结果或者预期状态。

## 示例：操作功能研究，电冰箱，使用研究概要摘录-大宇（1996）

为了命令和控制设备（简易性）

为了容易操作或看到命令和控制装置

为了方便存放或拿取食品和物品

– 容易从冰箱正面通向每个存放区域。

– 拿到、放置和取出存放的食物或物品的动作可视性。

– 可用的存放空间，为存取食品和物品进行无阻碍的清理。

– 物品放置在支撑板或者存储格子里具有稳定性。

– 物品按照类别放在建议存储区域的明显标识。

为了存储操作方便

– 明显或简单易懂的操作。

– 简单易执行的操作，而且是平静地操作。

为了清洗格子和存储空间

– 简单快速除霜，如果有必要进行除霜。

– 清洗、可能的除锈、漂洗和完全烘干，尽可能容易和简捷。

## 示例：美菱冰箱（见图10-8）使用功能创新

1. 嵌入内壁的 LED 照明，光照向内侧，不刺眼。

2. 竖向放入的透明盒子，对于孩子是安全的。

3. 需要时通过一个动作即可升降的搁板，不需要取出冰箱内的物品。

4. 可伸缩的托盘可以临时放置食物。

5. 存放袋装、易碎或散装食品的盒子。

6. 冰箱门打开90°即可取出槽子（假如冰箱旁边就是一堵墙，也不会受阻挡），"药房"式的抽屉具备最好的可见度。

**69**

7. 每一边都容易取用冰箱内食品，储存空间更大，开门时不受阻挡。

8. 存放小块零碎食物的"杂物"盒子。

9. 可存放大量袋装物品和小容器，带有移动隔板，更容易定位和存取。

▲　图 10-8　美菱冰箱

## 操作安全性

操作安全性示例说明（研究摘录）

要使用户能够尽可能安全地操作，不会因为疏忽大意误操作而导致"严重"的后果。

在这个阶段最好要通过提醒操作者他的误操作，来预防因不恰当指令导致的后果，而不是放任操作者走向一条错误的道路，使其付出额外的精力才能纠正，从此不喜欢这个（对于人类犯错的权利）不够"有理解力"的系统。

因此，相比面对一个没有任何警告的缺乏回应的系统（出现紧急状况），最好是有个错误的警铃响起，提示预期的效果没有出现在屏幕上。通过一个闪烁的信息，在屏幕上提示错误，这对于操作者来说是一个既实用又有教育意义的操作理解补充。图 10-9 所示的产品就具备这个功能。

▲ 图 10-9 电动曲线锯，皇冠牌，2014

# 第 2 篇
# 十个
# 工作步骤

**第一步 提出开发问题**

▲ 表述设计问题

▲ 开发决策

▲ 设计决策和产品策略

▲ 企业战略

▲ 产品的初步设计要求

**第二步 整体分析**

▲ 产品使用分析

▲ 环境分析

▲ 审美趋势

▲ 市场研究

**第三步 竞争产品分析**

▲ 使用要求和性能分析

▲ 使用功能标准

▲ 方向选择

**第四步 具体设计思路及原理方案概念化**

▲ 创新研究

▲ 设计与市场营销

▲ 技术：确定和选择零部件

▲ 原理草图

▲ 方案评估和选择

**第五步 发展新概念：深化候选方案**

▲ 初步设计方案的建立

▲ 可讨论的外观设计方案具体化

▲ 初步设计方案的测试和评估

▲ 选择、决定继续和修改

**第六步 最终设计方案和外观模型**

▲ 外观质量评估

▲ 快速成型

▲ 细节研究与确定外观

- 技术研究和调试
- 最终设计方案:细节、纹理、配色
- 3D建模
- 模型的制作和修改
- 产品原型的制作和试用
- 模型、专利保护

**第七步 细节研究以及技术实现**

▲ 技术研究

▲ 技术元器件

▲ 机械连接和装配技术

▲ 材料的最终选择和制造技术

▲ 技术调试

▲ 待生产产品最终细节说明

▲ 生产技术研究和实际生产

▲ 表面处理工艺研究

▲ 最终原型制作

**第八步 参与生产过程**

▲ 制造研究

▲ 制造跟进

▲ 技术检验

**第九步 参与商业推广**

▲ 产品、视觉识别和品牌形象

▲ 产品信息

▲ 包装及使用说明

▲ 销售地点的展示

▲ 商业说明和目录

▲ 网站

▲ 展会展台

**第十步 使用反馈**

# 第一步
# 提出开发问题

从提出创意、手绘草图、前期方案、最终设计、技术研究，再到市场投放，每个项目的进行都是一个艰难战斗的过程。

"项目"这个词意味着过程而不是结果，不是未来产品。这个过程从探查到对于现有产品的不满意或者欠缺的地方开始，目的是为了获得能够满足设计任务书中所要求的需求和性能的产品。

当制造工具能够根据预期的技术参数进行量产时，项目才能被称为结束。但是，也可以说一个项目永远不会结束，因为总有改进的可能。设计步骤的"繁重"总被那些不理解其必要性和复杂性的人低估，从而资金和期限也被低估。

设计不是一个严格的线性过程。不过，要遵循比较精确和有计划的工作步骤。因为这是一个需要研究和想象的工作，所以需要不断尝试。当说到设计，很多企业负责人和其他设计者并没有想到会是这样一个组织严密的过程，能够诞生一个没有人想到过的天才创意产品。

设计在人们的印象中总是无序的。实际上设计的过程应该更加精确。本书指出了设计工作中必须要经过的"关键点"（极力推荐），同时适用性足够广泛，可以应用到不同的设计情况，不同的产品类型、要求和目标以及资金情况等。

当我们为了加快进度而"省略"某个步骤时，无论是否自愿，团队都要承担很大的风险。这样做表面上似乎节省了时间和费用，而实际上只有一个短期的效果。

所谓"制造实验室"，虽然初衷是好的，却是荒谬的。虽然他们给"创新的巧匠们"提供了物质上的帮助，比如 3D 打印技术（万能药），但是这样会让人们觉得创新是简单的、个人的、业余爱好性质的。"制造实验室"以及它们的工具仍然属于技术和互联网范畴，供他们之间通信。这是一种艺术家式的设计。所以，"制造实验室"顶多只是个"创新草稿"。

本书可以将忽略设计步骤和重要因素的风险——特别是使用方面的因素减到最低。另外，此书以长期的专业经验和具体实践为基础，旨在使人们忘掉那些抽象的、貌似科学、貌似有知识文化、实际上却毫无用处的"方法论"。

## 表述设计问题

正如亨利·佩雷尔所说，"一个问题提得好，这个问题就已经解决了一半"。但是在项目之初向设计师提出的问题，是真正要解决的问题么？例如，经常出现的情况是，我们简单地让一名设计师做一个"相似但又不同的产品"。

但是别忘了，不盲从才是创新的源泉。

这个最初步骤在于更加明确地表述目的，不寻求解决方案，而是要清楚辨识团队应在未来工作中心无旁骛地解决的问题。设计问题将建立在讨论、论据、证实、预断、观点等基础之上。

我们还要评判团队和企业的能力，对一些无法评估的东西不予支持。我们要努力用明确的、清楚的词语阐述要解决的问题。

然而一个企业客户的要求，从来都是既不明确也不全面的。所以我们必须避免那些非常不明确的项目描述："现代、新颖、符合人体工程学、漂亮、中高端"等。

尽管企业知道一个新产品在市场上很难获得成功，然而他们并不清楚到底是什么原因。其原因通常是对产品使用的错误理解，也就是由于明显缺乏设计。有些时候，一种产品的失败，可能就只是因为它陈旧、蹩脚或者过于技术性的外观……

## 开发决策

面对竞争，工业设计不仅能改善外观，而且能从整体上改善新产品的使用质量（如图1所示的产品）。产品之间的工艺和零部件技术水平通常比较接近，或者是相同的，差别仅体现在外观上。例如，在设计冰箱时，因没做过使用分析，设计师们更多地在冰箱门和把手的外观上做文章，多过认真考虑食品储存空间布置，可见使用分析对于做出一个成功的"好冰箱"是多么的重要。

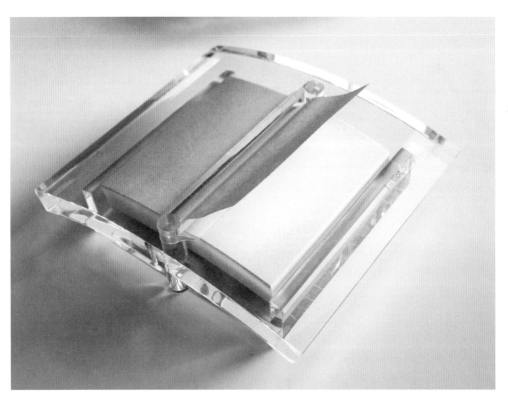

▲ 图1 便笺盒，帕索创新，1992

一项开发决策（策略）肯定会有一些风险，就像任何创新都有风险一样。设计师的参与也是一种风险，但更是一个机会和"必须"，可以降低与创新相关的商业风险，确保人们消除疑虑。企业渴望创新，就要承担风险，着手行动，不追随竞争对手。否则，就会造成产品单一化。因此，企业应当充分利用自身优势和既得利益，帮助未来的投资获得盈利。

企业中进行开发决策的不同等级如下：

- 战略决策——对企业起到长期约束作用，由企业决策层决定。例如，项目启动、设计或者再设计。领导们对项目的参与度，会随着企业规模的增长而降低。

- 战术决策——对企业起到中期约束作用，例如培养一个团队。

- 经营决策——对企业的作用是短期的，例如开发流程。

面对市场变化和竞争约束，企业的成功在很大程度上依赖于产品的使用质量和外观质量。如图 2 所示的多士炉，因其良好的外观质量，为企业带来了成功。无论如何，制定决策的最终目的都是为了使客户-消费者和用户-消费者满意。然而渴望取悦客户的担忧可能会有些过头。那些不好卖、收益差的产品，通常源于希望满足所有客户的要求和品味。新产品，可以附生在旧产品上存活，分得市场一杯羹，但不会替代掉一个我们不愿清除的老产品。

设计的投资回报是比较难估计的。面对诸多市场营销因素，让财务负责人从中分辨出哪个因素赚了多少钱，不是件易事。当涉及的是对一个需要"更新"的产品进行单一的改型设计时，"收益率"会更容易评估。

此外，设计在企业形象、品牌形象、企业知名度、客户满意度和企业信誉度方面起着重要作用，是无法用金钱衡量的。那些不在设计方面投入的企业，只能在价格上竞争，其实就是在比谁的利润更低。

## 是否要成为先驱？

作为先驱的回报可以被质疑，因为延迟入场并非无人问津。而且作为市场首创是要付出代价的。持跟随态度就可以避免某些耗费时间的市场研究。提前几个月上市成为首创，也就意味着要承担让一个使用质量和外观质量欠佳、技术质量欠佳的产品面市的风险。但是，先驱可以通过持续优化来保持领先地位，还可以通过申请专利来阻止竞争对手抄袭。尽管后来的竞争产品总会出现，先驱们还是可以长时间地保持它们的市场地位。

一个产品的开发决策依赖于一份综合了多种创新想法的分析。开发的决策回应了开发的问题，但不提如何做。因此，公司管理者会要求由另一个人或团队来做决定。新产品的开发决策需要商讨，但不一定能达成共识。企业应该了解并适应审美趋势和技术水平的发展。

以前，只要销售人员或者设计师说服"老板"——这个真正权威的标志性人物，向他提出前景诱人、天花乱坠的产品创意，项目就得以开展。项目都是野心勃勃、需要巨额投资的。现在只有获得富有远见的老板的支持，才能由团结而积极的团队带着激情有节奏地实施。

▲　图2　多士炉，汉威泰/高能公司，2002

## 有哪些产品类别?

企业的形象产品不能总被忽视,也不能是公司领导一时任性的产物。它应该属于企业的一个战略。这样一来产品目标就明确了:增强知名度、使公司形象更有活力、扩大公众影响、扩大受众群、进入其他流通渠道等。

形象产品是真正的产品,被投放到市场上销售,并且寻求最大程度的宣传效果。它们与"概念产品"不同,后者是"未来可能"的项目,是研究中的产品,既未工业化生产也未投放市场。形象产品往往是限量版,更多针对意见领袖、"有影响力的人"以及引领风尚的消费者——客户。形象产品不能与企业形象相距太远。

设计师签名产品等同于让设计师设计创造一个"新"产品。无须花钱,设计师的大名就是媒体曝光率的保证。

联名产品是指两个生产不同的产品系列的品牌联合推出产品。如此则每个品牌都可以利用另一方的知名度、销售网络和潜在客户群。

另类产品是强调新趋势,追求"新时尚"的,以明显区别竞争对手或者其他同类别产品。这是提高公众知名度最省钱的办法。

根据企业创新战略不同,决策者们应该定义的目标包括竞争对手、目标市场、使用场景和技术现状。产品的发展演变不能仅以客户或者经销商的意见为准。只听取客户意见并不能推动创新。

大量"定制"产品(如按需组装的电脑)只是一种市场营销手段。

## 有哪些优势及风险?

企业过于期待设计师将营销/商业创意(在欧洲)和技术创意成型,并给消费者-客户带来"已完成的"解决方案("感知"到的质量)。

按照商业目标的优先顺序,设计过程更需要设计师和营销部门的介入,而非技术部门。企业应该巧妙地与风险共处:

– 要么是做的风险:在项目的开发过程中会碰到什么样的困难,为成功需要下什么赌注。

– 要么是不做的风险:如果项目不启动,企业会失去或者赢得什么。

## 设计决策和产品策略

无数的创新都建立在简单的创意上，通常因为"这是客户的要求"，或者想要"追随流行"，但实际上市场还没有位置接受新的产品，即使产品有着独特的原创外观。

设计决策应该将一个明确的行动路线具体化。这就需要围绕某些目标组织设计活动，调配必需的人力物力。为了具有可操作性，目标要精确，比如通过使用新材料赋予产品前卫感（见图3所示的产品）。

▲ 图3 电水壶，汉威泰/高能公司，2002

要强调的是，设计决策目标仅集中在外观方面下功夫的话，将会比"使用主义"的设计决策目标更清晰、更容易被理解，这是因为这个阶段欠缺明显可见的创新方向。然而根据什么重视可视质量而不是使用便利性呢？设计决策通常是凭经验的，没有什么动机。因此它最终趋同于产品策略。最初，产品策略仅定义了产品的一般性特性：商业或技术特性，价格水平，技术性能，根据市场和目标用户的需求；或者，更糟糕的，根据某个客户的要求。尽管如此，企业还是要接受客户、销售人员、售后部门的反馈意见，对销售数据进行分析。

社会大众也同样可以表达不满，指出产品缺陷，只不过大家对这些评论没有认真考虑。

只有当项目立项时，产品策略才会随着设计概念的介绍，变得越来越透明，但是通常就已经迟了。既然没有指引，于是就没有什么标准去进行评估和选择。产品策略应当在项目之初就提供用作选择基础的原则和标准。

产品策略因素主要有以下几方面：

－ 开发因素：未来产品的唯一性，市场的扩张，出口的可能性，产品的新颖度，供求比，市场的连续性，已占领的市场，需求稳定性，复制品竞争带来的影响。

－ 商业因素：商业优势，商业组织，售后服务，交货期，流通渠道。

－ 创新因素：知识和能力的运用，现有设备的利用，产品开发成本。

－ 生产因素：可用设备的使用，可使用的工具、材料和技术，劳动力数量，产品尺寸和运输成本，维修需要，垃圾和废弃物（回收再利用）。

## 企业战略

为了区别于竞争对手，针对要达到的目标，企业应该制定一个强大战略。正如塞内克说的那样："不知该往哪里去的人，就不会遇到顺风。"

针对发展，我们应当分析企业内部的情况：已制造出的产品，技术和使用的复杂程度，内部团队的科技水平，设计和研究的人力资源情况，生产资料情况，分销资源，财务情况，项目预算，步骤计划。

需要注意的是，超期和预算超支的情况经常出现，往往引起争论。主要原因在于对项目框架设置得不完整、不精确，低估了资金限制、未预见的设计困难、缺乏协作、项目要求的修改变化，还有人为因素等。总之，一个项目实际操作时总是比预计的时间长。

分析内容同样包括企业外部情况：市场特点和预测、竞争形势、联盟的可能性、并购、实际价格等。

态度必须乐观而现实，但是也要敢于承担风险，敢于尝试，敢于失败。对于创新项目来说，不能因失败而对其全盘否定，决定战略和风险的往往是对利润的预期。

## 制定什么策略？

定性目标可以是以下方面：补充产品，形成一个系列，代替现有的一个过时的系列；代替一个产品，使产品多样化、成为市场领导者、先驱或者继续做跟随者等。

同样要提出如下问题：有哪些资金风险、商业风险？是占领大众市场，还是瞄准小众市场？

定量目标是诸如增加营业额、获得新的市场份额、提高收益率和利润率等。

企业战略涉及营销策略，包括未来产品的竞争优势，商业目标，确定市场和使用场景，客户和用户类型，购买动机，新的流通方式（网上销售），竞争威胁，市场演变，社会文化变化，一项发明、一项专利、一个商业化创新的意愿，产品多样化的意愿等。

企业应该制定设计策略。产品技术经常是相同的，应该在设计策略的基础上，通过新的形象（参考外观趋势图），通过使用质量、外观质量和环保质量的提升来形成产品差异化（见图4所示的产品）。

技术策略应跟随设计策略，它的内容包括专利购买、生产投资（生产工具）、技术进步追踪、技术创新、供应商的技术能力等。

产品策略与企业的资金能力明显是相关联的。

一些企业的衰败在于行事过于散乱，谨慎成为了懒惰的借口——最好少些麻烦，不冒风险，导致成功的新产品比例太低。

在短期内，追随一个产品比开发一个新产品更简单，成本更低，可以依靠降价提高市场竞争力，这是目前比较流行的做法，但是这远远不够，应该在项目启动时就制定好战略，才能提高成功的概率。

▲　图4　咖啡壶，汉威泰/高能公司，2002

　　对财务管理来说，产品是定义最不明确的概念之一。相对于新产品将能带来的收入，研发成本仅占几个百分点！但是，通常由技术人员管理的用于技术专利的预算规模，在企业转让中具有巨大的价值。

### 制定哪些战略？

　　差异化战略的目的是使产品脱颖而出。使用质量和外观质量带来的竞争优

85

势是产品宣传的主要要素。

企业习惯于用它们自己的逻辑和习惯进行思考。设计师用多元化战略把企业所在领域及企业形象匹配协调起来（见图5所示的小家电产品系列）。

设计师与技术工程师一起实施降低成本战略，寻求限制元器件数量和简化制造及组装过程的办法，其目的是使产品技术复杂程度降低。与人们想象中不同的是，设计师实际上在这个阶段已经经常让企业获得利润。

▲ 图5 小家电产品系列，汉威泰/高能公司，2002~2016

## 产品的初步设计要求

产品的初步设计要求包含了关于产品领域（家用的或专业的）、企业、目标产品、目标、生产限制条件等相当数量的关键内容。尽管初步设计要求在项目启动时就应该拟定，但是对于那些不了解设计的企业来说还是比较困难的。

然而这正是解决问题的第一步，在此之后就可以选择创新的方向。制定一份初步设计要求要进行讨论，提出问题，要精确，要有方法、投入和对整体的把控。

初步设计要求并不是我们在头脑中的想法或者解决方案，否则项目设计和开发有什么用呢？不要给出指令，当然也不要讲未来产品长什么样。

因此初步设计要求应该设定的是一般性目标，具体内容包括：

- 项目研究范围。
- 未来产品的使用质量（使用方便性，基本功能、补充功能和附加功能，维修条件，材料回收，耐久性，运输、安装和使用成本等）。
- 技术设备、最适合的组件。
- 技术方案的可行性（材料、制造工艺和成本等）。
- 产品的商业特性，市场类型……
- 外观形象（总体趋势）。

## 初步设计要求示例

**滑冰鞋研究，摘录，萨洛蒙**（1992）

**项目研究领域和范围**

此项研究仅针对"家庭型"的使用场景，针对独自或成群的滑雪用户，可能是新手，也可能是有经验的。需明确的是，对于专业运动员类型的、极限运动类型的、比赛类型的、表演性质的滑雪，此处完全不予考虑。既然滑雪冲浪在这里不作考虑，那么单板滑冰也不在分析范围内。租赁使用或集体使用的情况同样也排除在外。

可能适合家庭类型滑雪的、暂时或永久性残疾的用户这里也是不做考虑的，即使这些人可以很好地生活，能自己照顾自己。

**87**

# 第二步
# 整体分析

## 产品使用分析

整体分析包含以下方面：

– 服务功能：基本功能、补充功能、附加功能。

– 操作功能：使用、安装、维修。

– 使用场景多样性因素：源自用户（受益人、用户-操作者、非受益人、消费-付费者）、用户的活动、使用环境、大环境、使用过程中的系统状态。

设计者当中仍然很少有人用心去做使用分析，即便这是他们份内之事。这不仅导致他们用户需求方面的信息极度缺乏，而且导致人们很容易将他们所说的使用分析与营销部门负责的消费者-客户需求混为一谈。由于很少有人真正去投入研究，这一学科还没有成为一门天经地义的科学，但是使用信息的获得非常重要，而且也需要有工作方法。

使用因素不仅对于产品质量有着决定性的影响，对于用户的生活质量也有着重要作用。

信息的获取是随机的，因为无论是从所使用的分类方式的角度还是从所处理的文献基础来说，企业仅维护最初级的信息系统。通过网络是最容易获取信息的，但是基本上都是些图片、商业或者技术信息，对于设计（或者选择）来说不是那么适用。互联网上不计其数的竞争产品图片使人忘记了关于使用信息的匮乏。这些图片可悲地滋养着营销"创意"和无数没有责任心、不认真的设计者。

当前的信息并不适合设计者的需求，特别是对于出口市场来说。虽然不好估量，但是使用信息匮乏的"成本"肯定是很高昂的。

使用分析是"产品评估或设计过程链条上的一个环节，这种分析准确地说并不是一种要执行的、像菜谱一样的方法。它的研究领域是使用而且仅仅是使用，也就是在研究中排除技术和工具功能分析、潜在的商品商业价值分析和标志物的产品形象"（米歇尔·于连，1978）。

使用分析的研究从一份详尽的使用因素清单开始，使用因素来源于大量不同的使用情况。接下来就是审视和剖析现有产品、所观察到的真实情况、以下因素之间的关系和相互作用导致的有利或不利的具体后果：目标类型的日常物品，不同种类和环境下的用户。这就是所谓整体分析的第一步，它与使用的实际信息研究相关。

使用分析包括分解复杂因素以及分析用户和用户特征、实际使用环境和所使用系统的连续状况（见图6）。任何工具和技术因素都不在此进行分析，唯独它们的后果、优点和缺点在此阶段具有重要性。同样，所有关于营销的问题都将在之后的设计阶段再做考虑。

使用分析和使用功能说明都仅局限于使用的安全性和方便性，即

－ 操作简便性和控制当前运行情况的简便性。

－ 执行必需操作时的简单性和舒适性。

－ 防止使用时不良后果的操作安全性（对于用户及其所期望的服务）。

为了在手中打开，合起钳子

打开$^1/_2$圆嘴钳，手靠前握

打开通用钳子，轻轻抓住

▲　图6　手握钳子示意图，使用场景多样性因素分析，通用钳子，摘录，法工集团/博世，1997

打开一个剪切钳，拇指握紧钳子手柄

临时抓取钳子（钳口或钳嘴闭合）

手伸出去抓取或收回钳子　　　　　　在闭合过程中的手（手握住钳子）

握住钳子的"机械"部分（从别处拿或递）

▲　图6　手握钳子示意图，使用场景多样性因素分析，通用钳子，摘录，
　　　　　法工集团/博世，1997（续）

## 案例研究：用于制备食品的机器功能解析，摘录，SEB，1990

### 准备系统/适应一种准备工作类型

*初始配置*

－从机身开始选择要装上的零部件。

　　— 进行安装/拆卸（每个部件）。

　　— 安装到位，放置/锁定，检查位置是否正确。

　　— 取出、解锁、收回。

　　— 短暂等待（收纳之前）。

　　— 检查设置的正确状态。

在烹饪过程中更换配置（某些弄脏了的部件）

　　— 取出要更换的部件（未清洗的空容器）（取下，拿开，让其分离，清洗之前短暂等待）。

　　— 选择需更换的组件（干净的或者有污渍的）。

　　— 操作拆卸脏的组件。

　　— 操作安装干净组件。

在放入之前准备必要的材料

　　— 放置准备好的食材，放在手边。

　　— 放置要准备的食材，放在手边。

　　— 着手准备食材（按照要求的长度、厚度、形状来切削，装在要求的器皿里，对要处理的分量进行称重，测量要处理的分量）。

　　将材料放入系统

　　初始放入

　　— 倒入容器（流质或半流质、粉末或颗粒状、糊状或半坚硬物质，从一个扁平的支撑物上让碎块掉下）。

　　— 使用一个厨具来协助，使食物从厨具上落下，刮擦厨具，用手指帮忙，衡量所需的最大限量。

　　运行过程中或者暂停时放入（无须解锁，根据烹饪需要来定）

　　伸进内部，取下闭合部件。

　　配置运行/放入食材/重新配置运行/配置等待（收纳、暂停）。

　　放入后闭合系统/运行过程中介入后重新闭合（添加材料或不添加）/等待时临时闭合/为收纳而闭合。

　　把需要的食材（干净的，弄脏的）放好/重新放好，盖上保护盖（干净的，弄脏的），锁住，检查是否正确锁好，暂时解锁状态下闭合（安全性）。

　　打开系统，放入食材/在取出容器之前打开/打开已洁净的、收纳好的、可随时使用的系统。

打开保护盖（干净的，弄脏的）。拿出和放好备用的保护盖（干净的，弄脏的），取出和放好妨碍拿取动作的部件（脏的）。

启动/检查准备情况/停止/重新启动/紧急停止。

选择运行模式，选择运行机制，启动运转/停止，控制运行时间/回转食材/决定停止，转换运行模式或运行机制，仅在安全的状态下停止，在安全状态下停止和等待，试着重新启动。

示例：定义与"洗澡"相关的使用场景因素，研究摘录，瓦伦丁 (1988)（见图7为最终设计的产品）

无论是从一个基本使用功能还是从一种特定的产品类型的角度总体分析，都需要明确日常活动的范围，比如说：

– 家庭环境中的个人盥洗；第三者的盥洗，家庭环境中特定人员的盥洗（孩子、老人、残障人士）；半私人环境中的盥洗。

– 个人盥洗，在半私人或者集体环境中的（酒店、酒吧和人群、医院、部队等）盥洗。

– 水疗、特殊清洁。

– 动物清洁、植物清洗。

– 清洁或冲洗物品或者卫生设备、舀水汲水等。

如果只是淋浴（由于个人习惯、喜好或者一时的需要），会导致以下情况：

– 从头到脚的洗澡。

– 只是轻洒、清洗和冲洗部分身体（上半身、臀部、下肢）。

– 只是洗头。

– 泡浴后冲洗等。

从实际操作角度来说，提供正确的选项，淋浴可以有以下方式：

– 手持花洒；一个手握或者双手交替握。

– 双手自由。

– 根据身体要洗的部位，两种方式交替进行。

– 有时候，则是两种方式同时进行。

另外，现有的装备和空间根据活动的不同给予人们或多或少的选择自由：

－ 更换一个部件或者更换废旧的整套设备。

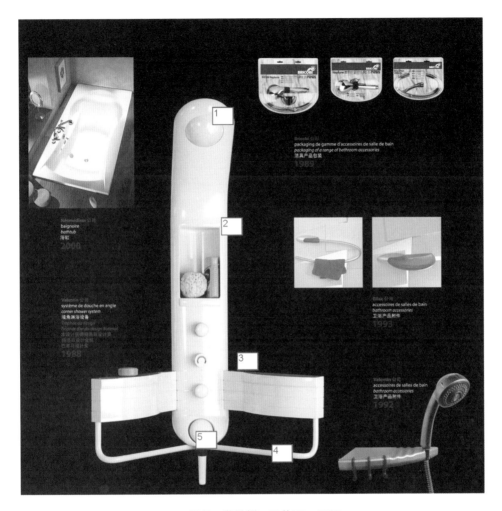

▲　图 7　淋浴板，瓦伦丁，1988

1. 这是一个顶部淋浴花洒。

2. 这是一个创造性的产品类型，它的出现启发了许多竞争对手和企业进行仿造。瓦伦丁公司为此专门建造一个工厂。针对不同的市场，瓦伦丁公司开发了一百多个型号（材质、颜色、补充和附加功能、固定方式等）的淋浴板。

3. 配有用于沐浴用品和工具的置物架。

4. 配有固定在墙上的支撑杆。

5. 配有手持式淋浴花洒。

- 翻新一个部分固定的设施。

- 设计一个全新的设施。

只要一个淋浴设备（不带浴缸），还是在一个浴缸中配淋浴器？

现有设备配置情况如何：可用的内部空间，进入淋浴间的情况（在外面等待），是否带有一个椅子或者可坐下的区域，是否有防护装置（屏障、帘子、挡板等），水龙头开关的类型和位置，是否有喷淋头，是否有把手或者支撑杆等。

冷热水供水情况如何：水流量和水压波动，不适宜的温度变化，水硬度和杂质等。

墙壁结构和墙面涂料情况如何？

## 环境分析

在政治家们之前，设计师已经意识到项目给环境造成的影响。自 1960 年起就有一些设计师在那些顶级的设计学校（比如乌尔姆设计学院）里接受这一独特的教学了。然而大多数情况是在由高能复合材料制造的复杂产品上进行创新，这就使得设计师无法直接实践环境意识。

我们应该通过在水、能源、材料等方面进行节约创新，应对气候变化，节省稀缺资源。

工业生产应该更多关注太阳能的应用，充电器、风扇、花园照明、液压泵等很多产品可以用太阳能作为动力驱动。然而光伏产品目前的生产成本还是比较高，因为它主要的组成部分——硅的价格比较高。其他技术将会从实验室问世。要注意，虽然人们谈论得不多，但是政府部门气候发展专家们的报告中指出，饲养业带来的温室气体排放实际上比汽车产生的更多。而且，似乎信息科技和产业（IT）材料排放的温室气体比航空材料还要多！

我们要在营销人员所喜欢的"绿色外衣"和迫切的深入思考之间取得平衡。围绕环境问题的政治纷扰（因此也是媒体纷扰）催生了一种新的集体道德。然而，我们应该反思的是，虽然"环境"因素比"使用"因素在媒体上讨论得更多，但实际上，"使用"因素才更加基础，更加重要！

## 审美趋势

趋势图片是为设计项目所制作的风格趋势图例，它能够使设计师清晰了解企业领导层所期望的风格类型。一本风格趋势图例集是图片、材料、产品原型的归集和分类，意在展现各种设计趋势，以便企业从中挑选一种设计风格，一种审美概念。这些图片把产品类别和消费者-客户及用户类型与未来产品的使用环境匹配起来。图片并不局限在与项目直接有关的产品类型和系列。图例将有着相似的行为举止、生活方式、习惯和需求的消费者-客户或用户的多种产品类型集合起来。

设计师制作设计风格趋势图例集是为了选择概念，与团队中的其他成员以及决策者进行沟通所选中的意向。设计风格趋势图例集是项目过程中的"审美"参考和指南。这里所说的"趋势"的概念，一定是全球化的，故意做得抽象。

图 8 ~ 11：桌面音箱外观风格图例集，吉星，2013

▲　图8　高科技-豪华风格

▲ 图 9 舒适圆润风格

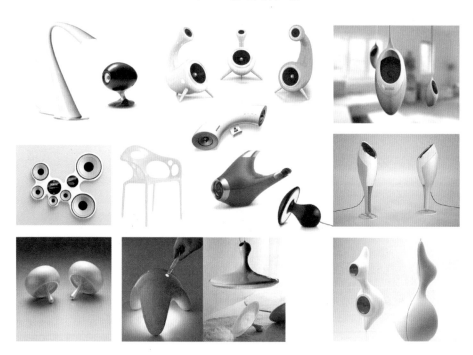

▲ 图10 自然仿生风格

▲　图 11　复古风格

　　这些趋势当中，比如，"宅"是一种行为，具体表现为喜欢待在家里，把家做成一个舒适的窝，将自己保护起来，不受不确定和有威胁性的外界不可预见的干扰。这种风格鼓励其留在居所。某些用户怀念无忧无虑的孩童时代，喜欢让他们回忆起他们童年的产品。Skype、网络和社交软件、多媒体设备、恐怖袭击和资金困难降低了人们对流浪和不羁的生活方式的热情。

**趋势和情感**

　　第一印象是带有感情的，因为它与外观紧密相关。外观吸引人的产品看起来似乎性能也更好。愉快的体验和使用简便性有利于这种感觉。生理反应会体现在心跳变化和面部表情，比如一个微笑。声音语调也能够透露出内心所产生的情绪，流露出用户是接受还是拒绝。

　　要知道有些产品没什么实际用处，而仅仅是因其外观独特而受到喜爱，而人们还认为这些产品非常重要。尽管操作比较困难，比如发短信，应该被看作是一个真正的情感工具，因为它使得沟通更加容易。

相比单纯的物质拥有，某些产品会成为人们的骄傲，并非一定因为它们是财富和社会地位的象征，而是因为它们带给生活的意义。深受喜爱的或者"受到崇拜的"物品是一些象征，唤起用户的回忆，使其沉浸在某种精神状态中。

因此，设计通常会利用盲目的情绪，也会调用理由证据或者意识感知。情感与理智是分不开的，它们都会影响我们的价值观。

购买时，产品外观对于服务质量的即时影响大于对于使用便利性的影响。随着技术的不断更新，产品也具有时代特征。某些用户愿意买一些卖弄炫耀的奢侈品来宠幸自己。营销和媒体唆使人们产生某些快乐，带来一种看上去负担得起的幸福。

## 市场研究

对于市场人员来说，"卖得好的产品，就是好产品"。"消费者需求"是基于竞争对手产品而得来的。以至于为了满足"消费者需求"而创造出来的产品相似度令人吃惊！

然而，与某些销售人员希望的相反，"客户不是创新的源泉"。大部分市场研究对于推动创新都是无力的。虽然对于市场营销人员来说，客户满意是第一位的，但客户的满意度只有通过产品的实际使用才会清楚地反映出来。

### 市场营销部门的专制

市场营销人员可能会制约创新，他们总是说："设计师们，请做相似但又不同的产品"！然而，这更多的是要求设计一个"商品"属性的产品而非为"使用"而设计产品。"使用"研究仍然停留在不被了解的阶段。极少有设计工作室掌握和提供使用分析，即使有，也仅仅是从一个肤浅的、商业的角度来进行。我们仍然没有足够的使用分析文化，除了在某几个设计学校有相关教学，使用分析仍然不为大多数人所知。因为，除了内在动力，进行使用分析需要有资金和能力。

## 市场目标及细分

市场营销人员多多少少都会进行社会风气和生活方式的分析，它是关于消费的社会学方面的研究，有意义但是难利用。个人方面的人口统计学信息（如性别、年龄、家庭状况或收入）或多或少能够体现消费方式。

最新的研究针对每个群体进行更加细腻的特征描述，比如生活地点、兴趣所在、意见、文化活动、购买习惯、行为方式等，这是一种对消费者-客户进行细分的新方法，它代替了以前按照社会-职业来分类这种过于简单的分类方式。

如果说，年龄仍然是一个有用的指标（例如，对于玩具产品），但光是这一指标并不足够。在提出了"50 岁以下的家庭主妇"概念之后，人们定义了"50 岁以上的老人"，这是由于人们认识到了人口的老龄化问题。根据生活阶段划分：年轻单身、正在建立家庭的夫妇、年轻的退休人员等是个有前景的研究方向。

市场研究是为了划定和评估潜在的市场规模，用归纳概括法进行的量化研究。它的内容是介绍市场上现有的产品系列，估计其销售额。在一个产品开发项目中，市场研究对于寻找创意的作用有限。开发者们不要去期待它有神奇的结果出现。

## 生活方式

生活方式是日常行为，一种生存的方式。这里特别指的是客户和用户对其购买力的支配方式、消费方式、穿衣方式、受教育方式，他们的行为态度类型和采购标准。它反映了一个消费者-客户或用户面对变化中的产品世界的态度和生活方式。因此，一些新的生活方式有待识别。这些研究可使人们了解一种类别客户某些特定的购买类型和使用类型，比如老年人客户。

## 产品策略的定义

对于要确定"新款"产品策略，选择产品方向，承担选择所带来的结果的企业生产、推广或销售负责人，重要的是要根据使用价值来定位产品，与竞争产品比较，以此确定新产品的目标价值。

　　尽管客户和消费者-用户不尽相同，但营销目标更多是针对购买者。营销中一般不应对中间商，也就是"大采购商"过于殷勤，因为这些"大采购商"大多忽略他们自己的客户，不太关注各类实际用户或者使用场景。

　　企业不应过多去寻找新的采购商，而应该为了现在和将来的某些类别的客户开发产品。想要取悦适应所有人是不合理的，这样会毁掉产品和企业形象。由市场人员和设计师对竞争对手产品进行更加严肃的分析，可以通过强化未来产品的某些特征来达到产品多样化。

## 市场研究示例：冰箱，研究摘录，大宇（1996）

　　● 针对一个亚洲企业在欧洲市场的开发计划

　　这项市场研究的目标是以一种透彻、详尽的方式，去分析由企业制定的目标，以便给接下来的工作提供恰当、中肯的信息数据。这个市场研究的成果会帮助企业制定一个战略计划，指导系列产品的开发以及为实施欧洲市场发展计划而采取的行动。

　　● 新产品是否能在欧洲市场中站稳脚跟，将会是企业最先考虑的问题

　　企业如要在欧洲大力开拓市场，必须了解不同市场的重要性。

　　应该制定一项长期发展战略，并确定实施战略的操作条件。当然这项市场研究仅仅是一个信息来源，它是必要的，但并不足以凭此制定深入渗透市场的目标。这份市场类型研究不仅是对当前市场的分析，而且要分析进入市场的机会和需要的投入，简要概括出一个与客户目标匹配的战略。

　　这份研究旨在进行一些相当全面和整体的调查，扩大至对竞争对手的了解，以及正在进行开发的新的产品系列（设计项目）对竞争对手的影响。

　　开发计划中提出的问题包括：

　　- 欧洲市场是否能容纳一个新进者？

　　- 新进者在欧洲市场有什么机会和劣势？

　　- 市场数量的发展是否能够支撑起一个新进者？

　　- 面对这个新的供应，分销商们将如何反应？

　　- 分销商对于打开市场局面有决定性作用吗？

　　- 新的产品系列要真正满足的需求是什么，产生这些需求的根源是什么？这些需求面向的是客户-用户还是中间商（大采购商-分销商）。

- 提供给客户的产品应该具备一些什么新品质？竞争对手会如何反应？

- 产品供应的系列范围应延伸至何处？

- 为了吸引客户进行推广和购买，应突出哪些卖点？

- 面对新的产品，客户-用户在购买时（在商店，面对目录）的行为将是怎样的？具体如何反应？

- 节能性、生态环保性、使用便捷性、外观美观的重要性如何？

- 如何选择分销渠道？

- 如何在满足中间商的利润要求的前提下，定位产品的公开价格？

- 新产品的广告定位是怎样的？

- 选择什么类型的策划宣传，针对中间商还是客户－使用者？

- 工业物流情况应如何组织？

- 售后服务如何安排？

- 在收益和行业风险的层面，运作的临界点在哪里？

**市场调研：1. 初步研究**

确定客户企业面临的挑战和目标，包括：

- 明确的管理要求（企业在欧洲的知名度、品牌形象和未来产品形象，国家重要性先后排序，重点针对的欧洲国家市场份额的每年目标）。

- 客户现有产品修改的可能性范围，创新的可能性范围（技术、使用情况、外观和商业方面的），考虑所需的投资、技术路线选择、可用期限。这实质上是一份"自由度"报告。

- 当前欧洲的情况（按照国家）：营业额和发展，体量，相对竞争产品的价值，市场策略/结果，投诉情况，目前竞争产品的定位。

- 企业在欧洲以外其他国家的情况（亚洲，澳大利亚……）。

- 企业当前产品/竞争产品的实际质量以及在欧洲的认可度：使用方便性、所提供的服务、外观美观性。

**市场调研：2. 信息收集以及欧洲市场机会分析**

从可用的资源入手，研究和处理关于法国、德国、意大利和西班牙的市场信息。

- 各制造商或国家的生产情况。

- 进口。

- 出口。

- 消费。

每个市场的综合研究。

各个国家的数量（体量）信息统计处理。

市场饱和度。

关于在欧洲市场销售的竞争对手的产品信息。

关于制造商、国家级的集团企业和跨国企业的信息（根据国家划分的市场集中程度和份额）。

关于各个品牌的信息（市场份额和品牌的相对定位）。

关于分销商的信息（以及他们之间的竞争）。

客户不满意的原因，未能满足的需求，竞争对手的优势和劣势。

目前潜在市场的预估，欧洲市场未来潜力的预测（简要概括），针对企业潜在客户的市场份额预测（简要概括），成本和利润的预测（简要概括），投资回报预估。

市场研究信息来源：与大采购商-分销商面谈、与专业人士交流面谈、专业的报刊、网站、工会信息、国家公布的数据、尼尔森数据。

**市场调研：3. 关于客户-用户的定性研究**（摘要）

（根据法国市场某些信息来源和几个非正式调查）

若某产品在欧洲的占有率已大众化（高占有率），还应向市场推出哪些创新产品？用户对于购买"新产品"的担忧会是什么？

品牌和价格影响。

客户-用户的行为（在法国市场上进行的研究）。

购买行为［社会-文化因素，心理因素、个人因素（生活方式）、精神因素］。

消费者的"偏好"（购买动机）。

颜色、外观。

产品的使用寿命。

市场活力因素（购买能力差异/购买行为/储蓄/经济情况/价格变化/社会因素-职业种类、年龄、收入、居住情况的配备率）。

旧产品回收。

二手市场。

多功能产品的比率。

不同产品类型的更新率。

### 市场调研：4. 关于中间商-分销商的定性研究

根据销售渠道的不同类型，中间商-分销商（市场过滤器）对于供应商的推广策略和贸易-市场营销策略是怎样的？

产品系列。

他们对产品"质量"提出怎样的要求？

### 市场调研：5. 关于现有产品的定性研究

某些产品在欧洲市场上的实际定位。

最畅销的产品类型。

在欧洲国家的规则约束（标准）。

保修的法定期限。

处于市场"领导"地位的竞争对手产品（各个国家专业人士的感知）。

现有产品的普遍性（一致性）。

销售卖点。

产品差异化方向。

### 市场调研：6. 竞争对手（制造商）研究

主要包括营业额、市场份额、重要竞争对手的销售收入情况，他们的战略、优势和劣势、面对市场上的一个"新产品"的战略反应。

### 市场调研：7. 工业物流

带有集散中心的送货系统（推荐），根据产品制造/送货的限制，制作产品流动图表，分销商保持最小库存，避免送货时的断货风险（及时生产系统，降低库存）。

在分销商的采购部门和平台计划部门之间使用 EDI 系统（电子数据交换系统）。

遵守环保要求的包装/装卸运输条件（垃圾，循环再利用，回收旧产品……）。

组织售后服务。

### 市场调研：8. 销售分析

大型采购中心包括：

－ 大型超市、大型专卖店、巨型专门卖场。

－ 邮购。

－ 家用电器专卖店。

－ 批发点、折扣店。

－ 电子商务（网上购物）。

按产品类型和分销商类型的销售结构。

采购中心的重要性。

推广一个"新进入者"的可能性。

推广成本（租赁陈列架）。

合作伙伴和贸易营销的条件。

促销条件。

数量保证。

支付条件。

物流条件和售后服务条件。

制造商在大型连锁卖场失败的原因。

竞争对手的产品性能、优势和威胁。

### 市场调研：9.（竞争对手）当前宣传分析

几个大品牌宣传定位的大致类型和主要宣传主题：

－"产品"推广——向中间商-分销商和客户-用户宣传的卖点，对于寿命长的产品，对于产品后面的变化提供一些什么服务？

－ 商业推广——跟中间商-分销商谈判（推销）。

－ 机构宣传和权威宣传（企业）——在公众当中建立品牌知名度。

－ 情况细分——包括客户-用户感受到的品牌定位（根据国家地区）、客户希望的品牌定位、产品的实际质量。

－ 欧洲客户的宣传战略。

### 市场调研：10. 市场价格水平研究（法国市场）

按产品类型进行价格分层。

这个价格层的销量弹性。

计算销售价格的因素：

－ 商业化成本（粗略的平均估计），广告成本，分销商销售推广成本，售后服务成本，运输/提货成本，销售力成本。

— 某些分销商的利润率示例。

**市场调研：11. 管理分析**

帮助制定一个市场战略。

欧洲市场当前的机会分析。

相对于竞争对手，选择一个定位，帮助制定行动计划，使客户达到发展目标。

对于欧洲每个国家的渗透战略和市场营销方法是什么？

入场权"成本"。

按国家地区的目标市场进行选择。

最佳选择：市场份额/进入期限/收益率。

品牌政策和战略。

市场拓展战略。

新产品开发战略。

目标选择：攻击市场领导者（例如，通过精彩的创新）。

攻击竞争对手战略：创新战略，广告投资战略，服务改善，专家战略。

通过财务模拟进行战术建议。

准备制定一份市场计划（销售量、市场份额、利润、结果预期）。

清晰地定义细分目标市场。

列明消费者和客户的特定愿望和需求：他们购买的动机是什么？产品主要的属性是什么？

质量目标：

— 是要开发一个新产品来补充或代替目前的产品线，还是要产品多样化？

— 准备好面对哪些商业和资金风险？

— 是做市场的领导者还是模仿竞争对手的产品？

— 占领大众市场还是集中精力于一个小众市场？

数量目标：

— 营业额的增长。

— 市场份额。

— 收益率，即利润率和投资回报率。

　　战略适用于整个企业；目的是为了投入必要的资源来在竞争中达到既定目标。战略的制定应该是出发的起点。

　　想以什么样的产品去拓展什么类型的市场？

　　期望达到什么样的销售目标和利润目标？这将会反映为一种产品策略。

　　怎么根据产品特性进行战略选择？怎样有别于竞争产品，我们愿意在哪些方面进行投入：价格、质量、外观、流通方式？

　　与其他品牌竞争的做法是否有效？

　　利用价格逃避竞争。

# 第三步
# 竞争产品分析

要在尽可能不同的使用情况下（安装、使用、维护），进行尽可能真实的产品使用测试。

## 使用要求和性能分析

使用要求在质量方面体现出来。它应该在产品设计和评估时，以可量化的性能要求的形式表达出来，才能够被利用。这些要求范围极广，主要包括以下因素：

- 精神-心理上的舒适。
- 心理价格。
- 安全和卫生。
- 产生的危害、污染和自然资源浪费。
- 使用经济性（获取、安装、运行、维修）。
- 情感因素（审美和符号的中介）等。

使用要求和性能分析包括对在使用过程中起作用的、面对各种各样可能的使用场景要考虑的多种功能和多重因素进行分解。分析时必须从一种"普遍适用"的角度来陈述，不能指向任何特定类别或物品。

无论怎样，都不是去分析产品的工具功能，而是从发生的操作和活动的角度出发，突出展现所有制约使用的因素，而这些对设备及安排布置的使用可能令人满意或不满意。使用的主要因素有：

    – 使用的可能性以及期待的功能服务质量。

    – 使用方便性和安全性。

    – 维修和保养的便利性。

明确这些因素是为了能够"提醒"开发者和决策者，使他们根据他们对这些因素的重视程度加以考虑。

要达到预期的使用要求和性能，就要比较深入地解析要满足的要求范围，直到有了标准，用于评估产品的实际性能（现有产品或正在设计中的产品，比如图 12 所示的电熨斗）。

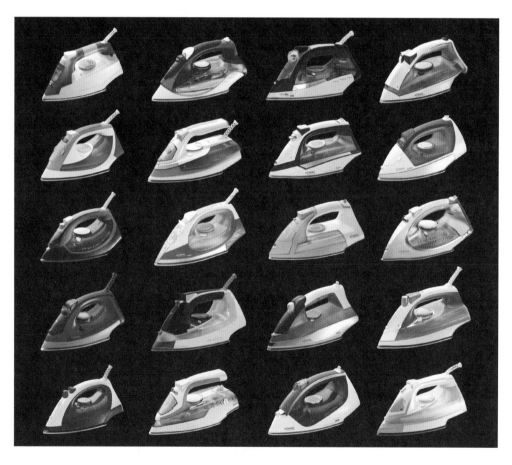

▲　图 12　现有产品分析，电熨斗

工作应朝着制定使用测试方法和拟定与使用相关的信息要素的方向开展。通过具体观察得出的多种意见首先用于完善一般性分析然后再为产品性能要求提供素材，性能要求要尽可能精确。同时着手针对真实使用场景、不满的原因和不同类型用户暗示的期望，来进行一些非正式的调查-访谈。

## 分析提纲和评估标准定义

这是基于前面分析过的所有"用户/产品/使用环境"之间的关系来具体定义和构建要评估的产品所有使用要素。

要做到的就是对因素层层地拆解分析，从最基础的开始，最后得出评估标准（例如图 13 所示的花洒，要评估它的质量、舒适度、安全性以及花费等）。

这样并不是要通过观点、意见来评估现有产品，而是以此来支撑使用因素的评判标准定义以及在尽可能真实的使用测试中去评估评判标准。

示例：使用要求和性能研究　花洒，研究摘录，瓦伦丁牌（1984）

用手抓取花洒淋浴需要怎样的舒适度和安全性？

● 达到令人满意的握感

抓握一个特定型号的淋浴花洒时的舒适和稳固的感觉，会因用户手的尺寸不同而不同。用淋湿的手握持，和用一只涂满肥皂的手握持，两者的感觉也非常不同。如果花洒手柄的使用性能在干手和湿手之间区别不大，那么手上的肥皂痕，哪怕只有一点点，也应该考虑在内。

这就是一种令人满意的完美握持的评价标准。请注意，这里所说的握持不能用单独的、空的、不带供水软管的花洒来做评判。

人们拿着喷头并不是一动不动地站着，而是不停地操作，指向需要的方向，同时拉着软管，引起一些随之而来的结果。

越是需要握紧花洒的手柄来操作，握持就越可能变得危险，如果它不那么有利于握持的话。

为了适合大多数人的手，推荐建议如下：

– 手柄横截面 5 ~ 6cm$^2$，外形为圆形（直径大约 2.5 ~ 2.8cm）或近似。

– 不要大面积的"假平面"或者那些无论如何都妨碍手柄在手中转动的、哪怕是多少带点圆角的棱角区域。

– 方形的、直角的或多边形的截面设计对于手沾肥皂水时的操作并没有改观。

– 握得越紧，不适感就越强，而手与手柄的黏度并没有增强。

– 手柄的形状最好长而平直，特别是在它靠软管的一侧的主体部分，截面上不要有变化（形状和尺寸）。

▲　图 13　花洒，瓦伦丁，2000

因此要避免圆锥形或金字塔形的形状（一边是个大截面）。随着手柄长度而变化的棱柱形截面的形状以及明显下凹的曲面（即使截面是规则均匀的）。

同时，也要警惕一些额外增加的外形元素，例如，握持区域的波浪形，看似符合人体工程学可以让手柄在手中握得更好，实则不然。就好像使用者会像拿工具一样拿着花洒,手指会在最佳的地方牢牢抓住一样!

## 与用户相关的示例研究

### 一个浴室的用户类型,为了建造计划而进行的研究摘录,1989

可能的用户为女士、男士、小女孩、小男孩、婴儿、老年人、暂时体弱的人或病人、残障人士(根据身体和精神的障碍类型)。

在浴室中进行的活动,其出现和不出现的频率,与年龄、性别、健康状况、残障情况、职业活动、发型、身材、生物力学能力、手势或者操作的流畅度(左手/右手习惯或智力障碍)以及走路时是否使用辅助工具、轮椅、助步车、手杖或者拐杖、矫形支架、佩带假肢和穿着的变化(根据时段或者特殊场合、季节或者天气、习惯或者时尚)有关。

也与生活方式、文化习惯、宗教习俗有关,比如:两人厕所、多人厕所还是单人厕所,宗教洁体、身体崇拜或者身体忌讳,性格、个体行为,习惯或特殊场合,使用者心不在焉、粗心、毫不在意,有洁癖的、有色情癖好的,内急的或者时间充裕的,喜欢利用卫生间(进行附加活动)的,每天都在家中的、偶尔有第三人在家里的,不喜欢水和盥洗的、心理状态不好或者精神方面有疾病的情况。

浴室所建地点的使用权类型是什么?业主身份自有、长期或短期租赁还是半私人使用?

对不适或滋扰的敏感程度,包括触感(冰冷、氛围过冷或过热、温和的、接触到"滚烫的"水),噪声(来自水龙头、流水声、椅子、洗衣机),气味(厕所味、清洁用品、香水),空气流通,令人目眩的反光、光线昏暗,地面湿滑、污水四溅、污秽痕迹,审美敏感程度(井然有序、翻新、色彩搭配、光影效果),内部装修、植物点缀、损坏设施的修理。

## 使用功能标准

对于使用因素的考虑并不会限制创造自由,事实正好相反。为了从意向阶段过渡到设计的具体工作和具体决策阶段,必须对这些因素有一个恰当

**111**

的、尽可能详尽的认知。而这也是使用功能标准的研究对象。它具有三重
角色：

　　– 帮助探索创新方向，更好地构思系统、解决方案原理和最终产品。

　　– 指导对解决方案的真实使用价值的评估（模型、手板、功能样机、预
批量）。

　　– 为产品市场营销提供卖点支持（广告、产品信息、产品演示）。

　　显然人们都承认，当设计一个日常用品时，重要的是遵循使用时碰到的所
有基本要求。想法是完全可取的，然而具备哪些相关知识，才能使想法付诸设
计呢？

## "好"选择？"坏"选择？

　　技术或者销售领域，甚至是经营管理，长久以来都受益于持续的分析和评
估成果。不巧的是，对于围绕着我们的所有产品的使用方面的分析研究却未能
如此。工业产品与各种各样的用户和使用环境之间的关系这一广袤的领域，仍
然是科学研究和系统方法的"穷亲戚"。因为没有现成的科学方法和成果可利
用，所以某些决策者和设计者时至今日仍然继续按照其直觉和常识行事。这种
情况不应该再继续下去。

　　产品使用价值与硬件系统的技术价值、商业产品的竞争价值或者符号物品
的感知价值同等重要。

　　认真实行功能分析和使用性能评估，已经被证明是有价值的，很多产品的
设计开发都得益于此。当我们要设计出一个产品或者从众多候选产品中选择一
款时，降低错误选择带来的风险是很重要的。

　　这些风险，会给产品使用、销售和生产带来一系列严重后果。一个产品要
针对某种使用场景、某个市场或某种生产方式来设计开发，才能设计得好，特
别是比竞争对手产品拥有更多的优点，而少一些缺点。"更好的选择"并不意
味着"完美"，也可以意味着"相较之下不那么差的选择"。更好的选择不是
一个绝对的说法：一个产品可以在某些方面显得比它的竞争对手更好，但不代
表要在这些方面达到令人满意的程度。相反，"最差"的选择却可能已经是令
人满意的。然而无论如何，一个产品设计不好，产品的缺点多于优点，这种情
况常常存在。

另外，不要妄想一个产品对于所有人来说都是最好的，"全能产品"是不存在的。幸运的是，这种不可能反而使我们周围的世界非常多样化，让人类的创造性活动得以发展。我们无法为每个人量身定做产品或者制造独一无二的、个性化的产品，因为开发产品一般都是通过工业方式，产品都是进行大批量生产的日常用品、商品和硬件产品。

开发一个产品时，会做大量的决策或者"微小决定"，进而导致这样或那样的方案。然而，通常情况下，这些重要的选择（通常是糟糕的）基本上都是由市场人员决定的（选择的是产品图画或者手板），或者是由技术人员决定的（技术可行性、价格……），或者是由"老板"决定的。这些选择有些是有意识的和明确的，有些则不是；多多少少是有方法的，或者由上下层级关系决定，或者或早或晚地出现在设计和开发过程中。

## 使用性能估计

只有在前期进行了使用性能的预估，才能最大程度地遵守使用要求，并产生真正的创新。

使用要求的层次，因不同用户的身材、肌肉力度、习惯、偏好等的差异而明显不同。这对于寻求方案（创意、新设想）和评估其可能的使用性能，是一个严肃的基础。所分析的要求与表达清晰的建议并没有关系，也不涉及技术解决方案，更无关于产品的商业外观形象。

除了形成一个设计指南，性能估计使我们可以在事后，通过进行使用测试或者实际应用测试，来评估新产品对于使用要求的实际满足程度。另外，这样的评估能让我们得出非常有用的、关于新产品的信息要素。

## "专业用钳子"设计建议，情况研究摘录—法工集团（1985）

### 示例 1

事实上太大的挡手隆起有时候会是一个障碍，妨碍接近或看清目标物体，在我们试图把它们表述出来时，不应忽视这个事实，这非常有必要（除强制的用电安全性以外）。这也就是为什么我们应该讨论挡手的前部，而不是讨论挡手，因为挡手跟所要执行的任务的危险性直接相关（不是钳子本身）。

至于用力夹紧区域（通用的、可剪切的钳子）的手柄尺寸，他们的长度，不同的杠杆臂长度（手柄的中间区域或长或短），受到拿和握的要求所限，前端部分无法自由发挥。

因此，要用力夹紧的手柄部分的体积只能与长度为200mm到160mm的钳子类似。如果这样会导致考虑开发一个系列优先钳口"夹"的性能的钳子，那么另一个系列更加传统的钳子，完全可以优先考虑钳子的占用空间和重量（特别是在使用周期不同的情况下）。

### 示例2

对于厚度在15~76mm的情况，半椭圆形的剖面应该不要太圆（也就是一个离心角为40°~45°，长轴长=75.5mm，短轴长=10.5mm的椭圆形），使压力不会过分集中在手掌组织的某个狭窄区域。

在参考关于手柄纵向轮廓的推荐建议时，握在手里的手柄部分的长度不算弯曲部分，以握在掌沟内的部分尤为重要，应当尽量好地分配压力（按压舒适）。对于手掌不宽（大约在82~96mm）的人，或者在同样的手掌长度（主要是沿着掌沟测量的长度）下，手掌大鱼际凸起更高、更丰满多肉的人，这个定位更为重要。如果该部分长度处理不好，用户就会用手掌中靠前或者靠后的部位拿着手柄，而无法让另一侧手柄上的手指放在最佳位置（不得不承受不适和疼痛）。

必须强调，大部分情况下，需要用力夹紧时，手柄打开的程度几乎不影响手掌按压的舒适度。换句话说为了夹紧，一只在略微打开的状态设计得不舒服的手柄，无论是在最佳的拿取宽度或是更窄一些，都仍然是不舒适的。

当需要夹得非常紧时，手柄上至少有65mm的长度应该避免做一个纵向凸起的、会压紧手掌的曲面。

一个中间的反向弯曲（轻度的纵向凹型），因为按压的舒适度问题，同样是禁止的。

要注意那种把中间的圆形凸起当作是"人体工程学"（营销时用）的保证的流行做法，与我们所研究的、有着重要地位的许多其他尺寸因素和形状因素相比，这通常是一个治标不治本的"假药"。

图14所示为法工集团1997年的一个专业用钳子产品设计建议说明。

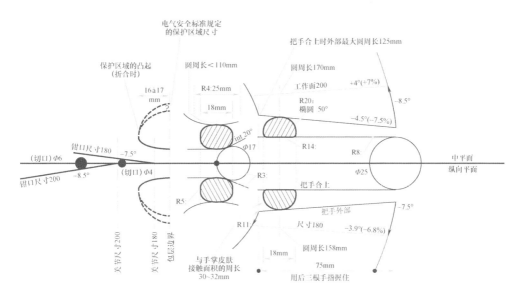

▲　图 14　专业用钳子设计建议说明，法工集团/博世，1997

**示例 3**

与材料良好、舒适的接触是轻度防滑的感觉，并且表面尽可能地柔软均匀，这要比那些在光滑的材料里故意印刷上去的表面好，印刷厂的表面时间久了就会被严重磨损。

如上面已经提到的，因缺陷造成的表面粗糙（生产时表面呈网状或者接缝）一定不可以在此出现，特别是包住手柄的外周表面。

当夹紧手柄时，指骨间的手掌组织、大鱼际、小鱼际凸起和手心部分都被压紧。

是否没有不适，是否没有疼痛感，一方面取决于所按压的手柄外侧横向剖面的尺寸和形状，另一方面取决于长度和轮廓。

要避免棱柱形的剖面，即使有大的圆角也不行，因为它们的边缘会产生两种挤压。

图 15 是法工集团 1997 年出品的专业用钳子系列，这几种产品的市场反馈非常好。

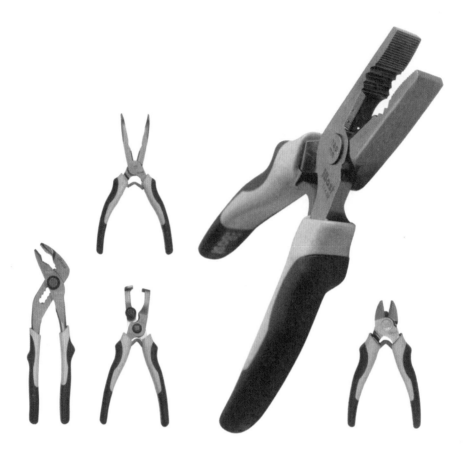

▲   图15   专业用钳子系列，法工集团/博世，1997

## 示例：几点使用说明建议（使用研究摘录）

不论用什么样的办法收集的信息，从使用的角度表达信息指引，总是好过于从技术或者工具方面表达。

用户不应该被引导去犹豫、思考或在提供给他的多种演绎的可能性中（根据他当时的心态）进行选择，又或者去猜测一个"晦涩难懂"的指引的含义。

从设计的角度，指引应该具体从使用者的角度出发，理解他的担忧和动机，而不是从机器和它的内在功能角度出发。

显而易见，系统仅设置几个发光的指示灯，单靠其颜色和出现的情景是无法让用户，尤其是不习惯使用该机器的用户，去理解或猜测其含义的，更无法为下次使用而记住。

如果一个指示灯与控制装置无关，就不应该设置在附近位置，以免混淆。如果相反，在特别的操作过程中或者紧随着一个可识别的情况有一个信号发出（比如闪烁），那么建议将该指示灯尽可能设置在与必要的操作和控制相关的开关、按钮或者指示器接近的位置。

除非指示灯可能出现的各种不同状态在产品上已经清晰地标记（熄灭、亮起、或快或慢闪烁），否则因为指示灯的熄灭和亮起都意味着某种含义，并且它闪烁或者停止闪烁的时候又要与其他完全不同的情景或状态联系在一起，所以使用者通常很难理解，更不要说之后记住。在涉及安全装置时，这些猜谜式的表达更不能要。

在此提醒，对于西方国家的用户，初始状态的识别或者控制一般从系统的左上方开始，随后的"读取"操作一般先按水平方向，然后按垂直方向进行。

然而这并不是质疑设计团队的能力和才干，不是要转移长久以来工业传统中形成的特权和责任，不是要打乱各自所受的教育培训。

而是说提供给参与各方使用的信息库，应该构成一些方便和可靠的工具。信息库汇集的有关产品使用的有效数据，应该能够帮助功能分析、质量评估和构思新产品。

这样的工具同样可以用在针对参与到产品设计、选择或收集产品信息的管理者和技术人员的专业培训上。

激励政策是不可忽略的，但是如果研究部门和采购部门只存在于"绘图板"上、电脑屏幕上、"试验台"上和"订单簿"里，没有更进一步深入的行动，光有激励政策是不够的。这不是要让过程变得冗长沉重，相反，它通过改善沟通和提高参与其中的各种干预介入的效率而使进程更加轻松顺畅。如同生产和管理对使用因素的考虑，不应被看作是对行动自由的限制。

考虑使用因素和使用要求是一项必需的工作，然而通过哪些信息才能做好这项工作，决策者们没有既成的科学理论可用。为了使他们能够拥有关于产品使用的恰当信息，信息应当经过研究和整理，从而能够供决策者所用，或提醒他们，在什么时间，他们应该注意这些信息。

## 新产品设计开发建议

"使用功能规范"首先是一份参考资料。它是一份建议和特定数据的汇编，如果想要遵照使用要求并达到需要的性能，就要把使用功能标准考虑进来。

"使用功能规范"主要包含要遵守的定性条件或者尺寸上的条件，使得产品在安装和布置上能够基本满足所有用户。

关于每个分析因素，最不利的使用场景和有时候互相矛盾的使用场景会被作为推荐标准或者规格参数标准来考虑（比如说孩子、老人、残障人士偏爱的行为和使用方式等）。

拿浴室举例，这个规范的内容包括：

－ 整体建议：多重操作功能可参照的整体建议（对浴室研究来说，就是拿、放、操作、指令、倚靠或者站起来等方面要达到的要求）。

－ 特殊功能规范：与"淋浴"活动相关的各个日常方面特殊功能规范的集合，不论何种特定设备类型或装修（浴池、淋浴房、带虹吸管的地面、任何类型的浴缸、固定淋浴喷头或手持式花洒等）。

遗憾的是每个规范标准通常是被单独来考虑的，在建立之初就脱离了起支配作用的使用功能。

因此，这样的信息内容的开发利用应该求助于分析技术和文件检索技术（文献词典和自动化处理）。每一个可能使用这个文件的用户，都能根据其关心的方面和其当时需要优先处理的问题来查阅内容。每个人的需求因使用情况不同而迥异，人人都希望在特定的范围找到某些特定的信息。

不过，为了制作一个所谓的具有吸引力的文件，只给出最少的信息（类似综述或者"给领导的小结"）是不可取的。

## 规范标准示例（研究摘录）

指示灯呈绿色说明机器在运转状态下（带电＋已起动），如果指示灯呈黄色或者橙色，表明设备运行有动态变化。红色指示灯首先使用户联想到的是使用风险和警告。

具体安放一个控制装置（按钮、推杆、按键、光标……）时，其明显程度应当符合此前谈到的一般性要求。身体动作类型（移动、方向、幅度、所需力度）应当使操作者理解起来足够简单，而且，哪怕是偶然情况下，都无须通过尝试来确定自己设想的操作方式是否正确，会不会带来不良的后果。

由后天文化决定的固有观念和视觉象征，可能会根据操作者的原籍不同而有差异，尊重文化差异是一个重要的操作因素。特别是关于轮换顺序、水平阅读方向、停止和休息姿势、危险情况下或正常运行过程中呈现的颜色等。

最好能够立刻理解并直接反映到目标相关装置操作（指令或选择按钮的位置），而不是通过一个没什么差别、与目标的关系不明显、在空间和时间上都更远的中间部件（触摸和显示分开，两者相隔距离远，或者反应时间不定或者过长）来执行操作。

为了能够高效率操作，识别适当的时机操作和控制每个部件是极为重要的，也就是说快速并且肯定，而不是小心目测检查之后再操作。

然而，要按键各司其职，并让人容易识别它的功能角色，仅仅将按键通过外形、图文或者颜色明显地区别开来是不够的。

重要的是预防那些功能相反、相似或者位置相邻的控制装置所造成的感知混乱，某一个时刻里同时应只对一个或者一些有关的部件进行操作，而其他部件则暂时降至"背景布"的等级。

为了避免混乱，提出如下方法：同一个类型的控制装置，比如一个旋动的按键或旋钮，有着同样的外形、尺寸和外观，就不应用于两种不同的控制动作，尤其当这两个控制装置的位置接近时。

按照习惯，一个多种状态的选择键（连续或不连续）不应该与一个简单的开关混淆（带或不带启动功能），也不应与一个开始/停止开关混淆在一起。针对后者，有两个状态的按压式按键要优于旋钮。

使用功能标准示例：一个户外大型儿童玩具运输车（见图16）的使用要求和使用性能，简介和部分摘录，LENIKA（1984）

- 户外大型儿童玩具运输车的角色和特定功能
- 身体娱乐功能。

- 精神娱乐功能。

- 玩具的学习意义和使用寿命。

- 教学和治疗的作用。

▲　图 16　户外集体游戏玩具：户外大型儿童玩具运输车，LENIKA（1984）

● 学习活动的可能性和便利性

● 越野行驶的可能性和便利性

下述的要求主要与能够在不平坦的地面上（颠簸的、石板路、有沟的、门槛、边沿）、斜坡或倾斜面上、有石子儿的路面上、泥土路或砂石堆积路面（泥泞路面）上、草坪或草原上等各种地形移动或行驶的大型移动运载玩具有关。

固定或者活动的轮子的直径和挡泥板应该足够大，能够使车＋孩子整个装备不太费力地越过一个至少10cm高的硬障碍物（人行道的小边缘、凸起的树根部、木片等）或者至少10cm深、10cm宽的坑（边沟、树根部的栅栏、沥青裂纹），也不会遭受大的撞击。

固定或活动的轮子的滚动区域应该足够宽，能够跨过3cm以内的沟槽，而不会有突然或慢慢地被卡住的风险。

这些轮子（直径、宽度、凹凸、弹性）、传动件、传动装置的尺寸，要足够使一个孩子能够以舒服的姿势在水平或者微微倾斜的车上，通过用腿推动、踩踏板或者"划动"，不费力地在有石子儿、沙子、杂草丛生或者雪迹的地方实现位移。

当承载最大允许数量的孩子时，运输车的多边形支撑、轴距和轨道应足够使车子在移动和倾斜时（倾斜度小于 20%，即倾斜角小于 12°，斜坡约 10cm 高度差对应 50cm 宽）没有倾斜或翻转的危险。

- 拉或推的可能性和便利性

为了方便一到两个孩子能够同时拉，或者由一个成人拉，诸如货车、手推车、拖车或卡丁车之类的运载车应该配备牵引方式（带把手或不带把手的细绳、硬的或者活动的摇杆或"扫帚"把等）。

同样，为了方便一到两个孩子同时推，或者一个成人推，这种类型的移动运载车，也包括三轮车和三脚车，应该具备以下外形因素：后部具有提供舒适依靠和手握的地方，使人既能够倚靠又能够用坚硬的东西楔进去垫稳（短管、硬杆或"扫帚"）。

玩具不是必须装备某些推拉装置，而是要能够非常容易上手，进行多种游戏方式，能够激发孩子们的创造力。

这种情况下，应该有一些使用建议在说明书上（最好是附在玩具上），这些建议应更多地针对游戏的引导者，而非孩子们。

注意：令人遗憾的是用于拉动运载车或者其他玩具的绳子经常在一个或几个轮子的转动轴上卷起来或卡住，有时候还会卡死。补救（解开绳子）过程通常非常冗长乏味，而且使玩具暂时玩不了。

- 操纵方向的可能性和便利性

控制移动的方向既是游戏当中寻找成就感的一个方面，但同时也是冒险的举动。

这种情况下，如果玩具运输车能够根据孩子们的力度或者地面的特殊条件（斜面、障碍、不同的滚动阻力）自行改变方向，那么方向控制装置（控制和传输）就不是必需的了。

对于某些版本的玩具，配备一个方向控制装置主要是用于满足"运动感觉体验"的多种可能性要求。

尽管如此，这类装置（车把、扣脚、方向盘、绳索、柄、脚蹬等）必须要满足安全、舒适、耐用和成本较低等所有其他要求。

**121**

对于更小的孩子，大型玩具运输车应该使他们能够控制住自己的动作和移动的幅度。

这样一来，运输车应该不需要孩子特别用力就能移动，同时能给孩子足够的阻力，不会从孩子身体脱开，从而给他一个暂时的稳定支撑。因此，定向轮玩具有抗侧翻的阻力，更适合年龄小的孩子；向前或者向后移动通过一个连续的、或规律或不规律的、缓慢的腿部推动来实现，改变方向则在车辆停止时，通过轻轻提起玩具的一部分来实现。这种情况下，一方面，主动腿的活动不应被玩具的任何凸起零件妨碍，另一方面，方向的改变应该通过站姿和舒适的手握动作来方便地实现。

- 控制速度和停止的可能性
- 连接几个玩具的可能性和方便性
- 使用安全
- 使用的便捷性和舒适性
- 收纳的方便性
- 维修的方便性
- 玩具的使用寿命
- 使用成本和可用性

不要把《使用功能标准》和技术层面的《功能要求》相混淆。

技术层面的功能标准，尽管也进行功能分析，却对其没有具体定义，描述的只是"期望的服务功能特性和限制约束"，研究的是"企业和客户之间的理解"和"关于待满足需求的表达和确认的要求"。

所以它跟使用、使用质量、使用功能、操作功能、服务功能无关，而对于设计来说，这些使用上的功能才是要求和性能的基础。

## 方向选择

不要忽视了在寻找新创意时要由开发团队（设计师、技术人员和市场人员）进行方向选择的重要性，不能仅由市场营销人员来决定。不应该把这些方向性的选择当作是解决方案的选择！

一般来说，管理者们无法辨识和选择那些真正创新的想法。

# 第四步
## 具体设计思路及原理方案概念化

没有使用功能标准，设计开发就是盲目的，好比单凭目测来驾驶飞机。因此必须综合分析、绘图、呈现新概念、做试验、安装和拆卸现有产品、选择和决策。这些需要考虑到用户的使用和审美要求、技术限制、生产和销售流通等。

设计师们应该有不一样的想法，脱离并超越现有产品。应该尝试还未出现过的其他外形方案和技术；要培养和激发创造力；也要亲自动手，去车间里，赋予项目一种意义；除了创意和想象，设计师们会具体推进项目并塑造出真正的产品，直至通过图样和手板模型来呈现。

设计师们专注于自己的想法，不一定总是能了解和掌握企业战略。应该从已知方案以外的新的角度考虑，着眼于未来，不要考虑明摆着的事情。应该了解问题的本质，以及如何达成解决方案。

### 创新研究

**从独立设计师到团队：一个创意路程**

我们需要重新检视目标，甚至有时候重新检视要求，把选中的创意从它的始创者那里分离出来，进行提升，形成出人意料的、新的、经济的创意（图17、图18 就是很好的例子)。这样的合并组合对于项目进程的顺利开展必不可少，这样才能实现最初的想法，最终形成具体产品。

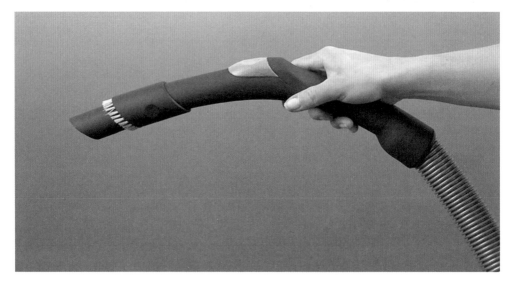

▲ 图 17 创意弯曲吸尘器，带一个可拆卸的刷头，好运达，1984

防盗封口　　钻头支架可摇摆(容易取用)　高稳定性套盒　　中间有垫片，收纳时
　　　　　　　　　　　　　　　　　　　　　　　　　卡紧钻头支架

▲ 图 18 钻头包装创意

设计师们不可能拥有同一种思维方式，所以要与其他设计师和开发者进行对话。设计师不是待在荒岛上的，他们多多少少要参考现有的技术，当然不是抄袭仿制。这样才会具有利于创造力的开放精神。设计开发者们应该跳出惯性思维，质疑自身技能，超越自己，探寻新构想。

团队的创造力与风险是相关联的。团队中的失败应该被接受，对于概念构想被拒绝的担忧应该服务于创造力，不应成为其拖累。面对怀疑、畏惧、犹豫、不确定、担心，在项目中应该不断探索，重新出发。在团队中必须建立信任和相互尊重，创意的探寻要求团队具有良好的氛围。只有对工作的热情，才能激发创新能力。如果没有激励，聪明人的智慧也是无法贡献出来的，更别说去完成某项工作。

情绪有时候是个向导。在接受团队中其他成员的创意和构思的同时，就会对团队产生归属感，渴望获得他人的认可和喜爱。然而观念被广泛传播后并不就会变成真理。

重要的不是去发掘一个想法，也不是宣称这是某设计师的亲笔之作，那些都是不切实际的做法。重要的是给问题找到一个解决方案。如果设计师只从网上找答案，那么所谓"新的"创意就不可能是原创设计师在自主独立的需求推动下做出的创意和选择。这不是一个被动状态，他可以通过对成功的需求来表达自我，从而改变人们僵化的思想观念。

**头脑风暴、集思广益研讨会和制造实验室**

头脑风暴是创造力技术，它可以将自发的创意集中起来，激发好胜心。在遵循某些规则，特别是避免团队成员心理障碍（害怕批判、担心评估）的情况下，比起单纯的创意探寻，它更加高效。

所以说，头脑风暴是个人或集体的创造力技术。通过头脑风暴，大家努力寻找针对某个特定问题的解决方案，自然地集齐出一张创意清单。头脑风暴鼓励所有独特的想法，哪怕是有些疯狂的创意也不去评判，目的是提供尽可能多的创意。但是它要求有一些规则并且不应该变成简单的会议。由于不带有评论和批评，参与者们就会带来超乎寻常的、意料之外的创意，这正是我们所期望的。这些想法连接合并在一起，形成看上去更好、更有进一步深化发展机会的创意。

分析性的判断，比如竞争产品分析，不需要通过头脑风暴的会议形式。要处理多种问题的创造性会议效果并不好。

网上头脑风暴减少了某些在会议室进行头脑风暴的问题，特别是减少了因担心被评价而不敢提出创意的障碍。它可以克服传统头脑风暴方式下遇到的某些困难。这种形式使得参与者在发表他们的想法和评论之前，有一段沉浸思考的时间。

集思广益研讨会是一个激发思维过程的方式。它比头脑风暴更加复杂，也更加严格，需要有一个经过训练的主持者。从一个模糊或者疯狂的项目开始，创意逐渐演变。就像头脑风暴那样，研讨会的参与者们尽可能提出想法去解决出现的问题，而不去对其进行立即的评判。在共同研讨下，参与者们将理解创造力是如何出现的，从而能够更具创造性。

现在流行的是"制造实验室"，也叫作"创新草稿工作室"。这些"神奇的"实验室能够让发明者或创新者把他们自己的项目以简易模型或者原型机的形式呈现出来。它们提供 3D 打印机让人使用，而使用 3D 打印机就让人以为是在设计了。挖掘创意和探索所有可能性这一阶段特别令人振奋。

在这个阶段要把创意转化成具体方案。设计师是发明创造的一剂兴奋剂，他们不怕麻烦，创建出很多选项。从迸出"火花"开始，设计师就会一直探究下去，即使他们的想法在其他人看来是异想天开的。

设立创意箱是一个失败的做法，因为它是被边缘化的，没有人跟进，基本上成了企业缺乏创意的代言。大体上，只有那些好的创意，才能带动一次讨论。

求助于外部设计师，可以让企业更灵活，但是企业不应把他们当作单纯的供应商来对待。另一方面，企业内部的设计师更了解现有的限制约束，知道如何挖掘隐藏的优势。

宣称设计师是独自进行创作的观点是狂妄的。设计通常是"共同创作"的过程。但是提出一个独特的想法常常被看作是一种挑衅，因为它与原理相撞，震惊思想，打破旧习。面对这样的想法，人们通常习惯性地说："这是行不通的，这是不可能的"。

## 灵感爆发和创作自由

要给设计师留出自由发挥的空间。为了启动原理、外形或者创意探寻的进程，设计师应当对头脑中冒出的、有意义的念头随手涂画下来，不用刻意去画得很好。好的想法还将会重现并演变。这些想法也会在进行体育活动之后或者一段小休之后出现，感悟和创作会更加清晰。中国的设计师们通常就是这样做的。

设计师也可以从博物馆、展览、商店、跳蚤市场、朋友来访、个人旧货售卖，当然还有网络上（就像所有设计师那样）汲取灵感。很多的细节和事件滋养着创造性，比如建筑物、车辆、服装、绘画和雕塑以及有趣的产品等。

设计师如有过多重复某种风格或某种研究方法的倾向，会对市场的新趋势不敏感。这个风险是实际存在的，特别是当设计师不经常去了解当下最新的情况时。但是换个角度看，深入的研究与探索也有可能产生新的视觉。设计师通常不走寻常路。

创作必须有动机和热情。在经历了消沉、枯竭、孤立之后，一旦环境有利，设计师就能够重新找回创作积极性。促使一个想法不断成熟，是逆风航行，是构建、毁掉和重建，是想象、放弃、自我说服的一个过程。设计师需要对用户和客户有同理心，这有点类似于工匠。快乐是对设计师最好的激励。能够做自己喜欢的事情是快乐的。设计师不是为了被承认而工作，在荒谬的限制约束下设计师将什么都不做。他们总是不断地追求完美。

对于一个设计师来说，没有固定的作息时间，他想工作的时候就工作，人们经常这样形容："准时搞创作的，肯定不是一个好创作者。"他们不按常规，不会"两点一线"，不会"地铁-工作-睡觉"，不遵循惯例。

创意要通过画草图（见图 19）、做模型（甚至是原型机），来把每个人的想法进行交叉和提炼。新的想法是通过创作或知识的重组和重新利用而产生的。设计师能将过去和未来、理想和现实、可能和不可能有机地结合起来。

知识不一定带来创新，但是缺乏知识却必定错过创新。创造新事物的渴望激励着设计师，在这一点上设计师与艺术家也许是相像的。想象，当它变成现实，就产生了真正的价值。

设计师应该具备多种能力，才能兼任分析师、产品测试员、研究员、装配调试工、模型制作者等。为了进行使用场景分析，设计师会站在不同的用户和客户角度，设身处地地思考。

曾经开发过同类型产品会让企业的管理者感觉安心，然而开发完全不同的项目会更加有建设性，能带来更加丰富的经验。

## 如何把各种创意组织起来？

检验思想并把思想集中到一个具体的目标上来需要时间。我们应该接受暂时的不清晰，并保持灵活性。不要审查那些最初的想法。一切怀疑都是有可能的。积累的想法越多，我们就越有可能找到一个好想法，因此我们要尽可能多地产生创意。

与来自于其他领域的创意结合也是创新的途径。这个领域的想法和那个领域的想法交织在一起，从而产生新的、更加适合的、恰当的创意。设计师需要

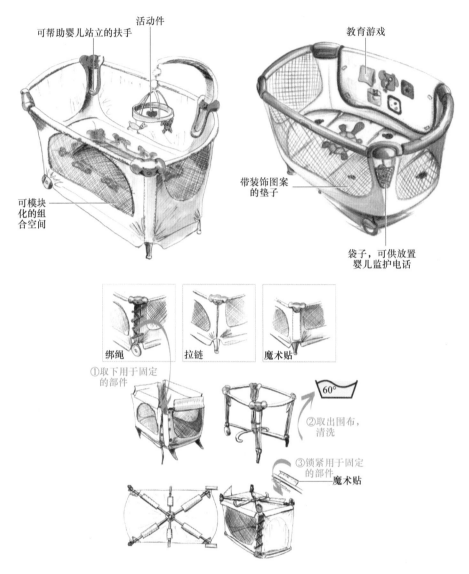

可帮助婴儿站立的扶手

活动件

教育游戏

可模块化的组合空间

带装饰图案的垫子

袋子，可供放置婴儿监护电话

绑绳　拉链　魔术贴

①取下用于固定的部件

②取出围布，清洗

60°

③锁紧用于固定的部件　魔术贴

▲ 图 19　儿童床设计草稿，好孩子，2005

很大的创作自由来进行创新，然而与之相矛盾的是随之而来的限制条件和要求，面对某些妥协取舍，设计师有时候不得不在没有经过严肃认真的分析的情况下快速决定。

在开始时自由发挥创意，不直接针对最终产品，会让设计师面对"白纸综合症"的压力大大缓解。

**128**

　　然而一个充满创意的设计师，需要对想法进行选择。设计师也需要有一个系统的工作方法，把要解决的不同层次的问题和多种建议综合起来。比如使用功能、审美外观、使用周期、寿命周期和报废周期等，设计师对这些要有一个全面的研究。

　　设计师要进行广泛调查，不要从一开始就被自己领域的一些标准所局限，比如审美方面的标准，要尽可能地做出大量假设、创新方案，考虑新情况或新的使用场景。在这个阶段，创造性应该被自由地表达出来。每个假设的存在都是合理的，因为它承载着一个创意，引入了一个新而真实的概念。

　　以企业战略和设计开发要求为基础，设计师开始探寻新产品的创意。在选择最佳方案前，他们会拿出最多的创意。不仅创新，也摒弃过于超前的创意，也就是那些最容易找到的创意！难的就是既要稳妥保险又要独特。

　　如何达成一个方案？这不是一个有形的或者可计划的事情。设计开发的问题不一定总有明确的目标。有时候人们并不知道会达到一个什么样的好结果。尽管在第一时间找出解决方案并不容易，然而它一旦被描述和呈现，问题就迎刃而解了。

　　根据使用功能标准、最初的技术要求以及市场营销要求中的建议，设计师一直在寻找新的形态、新的概念。他们不断探寻研究，以求使未来产品的使用便利性、命令和控制的简单性、审美外观都得到提升，并能带来新的服务。他们研究实现产品和控制面板的多个新构思，然后用原理图的形式呈现。

## 设计与市场营销

　　在这个阶段，凭借塑造未来产品的自由度，创作正在逐渐成形。然而此时此地，一切皆有可能。"为什么要改变，我们一直都这么做啊"，"这样卖得好！"——保守主义、墨守成规，使"设计"工作不被理解，造成很多困难。当作品呈现出一些老的东西时，市场营销团队才会感到稳妥。

　　设计师埋头工作，不过多地谈论其人生价值观。他们的追求总是做得多一点，与众不同一点。通过由设计师、软件和硬件工程师、市场营销人员、生产工程师组成的团队工作来消除专家们之间的隔阂是很有必要的。创意属于团队中的所有成员和个人。设计师应该通过外形线条上的一体化和连贯确保整体的均匀、协调一致，把各部分融入整体，而不是将各种要素进行混杂拼凑。

产品会"说话"，应该根据它的个性和身份所提示的文化符号和内涵及象征意义，来表达出它是什么。然而人们总是在要求设计师专注于外观美观而不用考虑使用便利性之后，又责备其设计在使用上不够简单。

## 技术：确定和选择零部件

对于技术人员来说，一个运行正常的装置就是个好产品。自动化、电子化、微型化这些都是让无数工程师忙碌不已的要素，然而对于用户来说，却无关紧要。尽管一个吸尘器的电子调速器曾经令营销人员浮想联翩，然而事实上在使用时，它故障频发，并不是什么优点。

技术的进步，的确降低了体力劳动量，但也同时催生了其他"成本"和危害。在某些情况中，技术上的完美主义使得使用质量下降，比如空调的风有时候会让人受不了。相比最终产品设计，强大的技术手段对于技术装置的改善设计更加实用。

对于技术人员来说，问题不是要寻求和找到好的解决方案，而是运用其所知去解决问题。

## 原理草图

画草图能体现设计师的展示能力，对他的思考、观察、注释和沟通都是有帮助的。然而一个"好设计师"不一定是一个好的"绘图员"。

设计院校在对工业设计学生选择的标准上，特别看重"绘图"技能，这是一种错误。不要陷入漂亮的图画的制作，过于迷恋"美丽的渲染图"。为了绘图而绘图，最终只能是自欺欺人。绘图质量不一定总是能够反映设计方案的质量。

绘图只能从视觉上表达一个想法，具有启发性和试探性。绘图能够起到提交、展现、产生、启动、指向和引起的作用。信息技术手段，绘图和演示软件的进步，并不能替代铅笔所画的、用于表达或者解释想法的快速草绘。绘图能够提出某些假设、变化或者细节，如有必要，有些手绘图可以通过立体的简易模型来展现（见图20、图21所示的例子）。

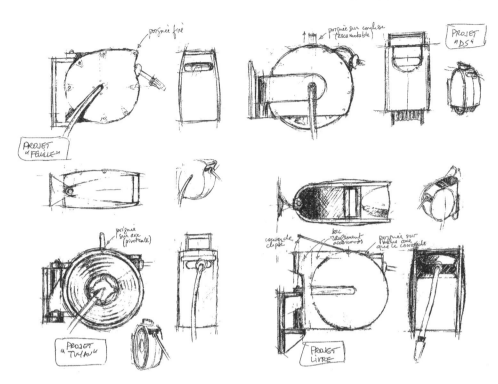

▲　图20　卷线水管车设计草图，大叶，2014

▲　图21　卷线水管车实物图，大叶，2014

如果我们之前用"手绘"探索过不同假设或者原理方案，在电脑屏幕上绘制出来将会更加容易，以便我们可以更加认真地研究项目。手绘草图既是一种原理探索工具也是一种交流工具。

如果不去追逐那种初始的快乐，孩子们画完马上就忘记了。当下的成年人也是如此，他们会优先选择电脑而不是画笔。速写本或绘图本本来就是记录想法和创意的最佳工具。报事贴也是另一种保留、分析和把想法具体化的实用工具。

设计师通过其视觉沟通的能力来认可自我。他们也应该利用工业绘图和透视原理，比如轴测透视、等距透视、军事透视、等体积透视、二轴透视或三轴透视等。

需要注意的是，信息技术的研究，主要是针对绘图软件、图像的视觉质量或 3D 打印的效果提高，却未能帮助设计概念和产品的选择，而后者才能降低选择错误所带来的风险。

## 方案评估和选择

### 否决的机制

对于设计师和他的对手们来说，错误，不是否决一个方案的论据。此外，漂亮的绘图也容易造成错误。

我们不要把自己限制在一些粗浅的、没有经过核实的信息中，比如经常听到的"这样卖不出去"或者"这是不可能的"等。这种糟糕心态，只聚焦于可能行不通的方面，而不是聚焦于我们可以研究的地方，是不利于项目推进的。对于改变的抗拒和有时候的权利游戏就好比暗礁，要知道无论如何设计都会打乱已有的秩序，新事物基本上很难被立刻接受。

市场营销人员希望有创新产品，但又排斥过于创新的想法。想要既独特、风险小，又无法接受要承担责任，也无法接受产品开发中的意外和风险。因而选择和决定是如此让人迷惘和尴尬。

我们不能仅仅说"我喜欢"或者"我不喜欢"，而忽略客户和用户的实际要求。在中国，一旦出现这种情况，企业家们会因此而要求设计师提供别的创意。人们弄不明白到底是什么制约了购买，什么才会取悦消费者，什么让消费者不喜欢。

设计政策应该纳入产品政策范畴，残酷的是，产品政策也经常缺乏。如果说"政策是选择的艺术"，那么产品政策就应该给选择提供原则和标准，用来作为选择的基础。那么多的创意最终都没能实现，对于设计师来说，放弃本来有可能成功的创意是令人痛心的。所以要做选择，达成折中。比如图 22 所示的设计草图，就包括 3 个创意。

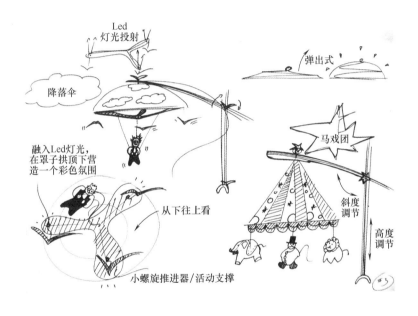

▲　图 22　婴儿床床头玩具设计草图，好孩子，2005

## 做出决策

总体来说，决策不是由一个人来做的，需要大家的参与，不一定是级别最高的人来做决策。有时候参与得太晚，某些决策人可能会由于对项目有不同看法的各方之间无法协调而推翻一切。

在整个项目过程中，"受邀"的参与者通常太多了。项目的负责人们不知道该如何挑选。另外，不存在好的或者坏的想法，创意的产生都是为了满足某些要求或者为了达成某些目标。因此最好是尽可能早地定义好要求和目标。

独特的想法能够问世，要感谢那些不盲从的、一腔激情的设计师们的百折不挠和坚韧不拔。设计师要在那些空洞的评论之前先发制人，向他们解释说"如果有更好的方案，其他人早就实现了。"不可否认的是，在一个不太容易接受新想法的团队中，肯定会遇到这样的问题，而它又不能像简单的技术问题那样来处理。

遗憾的是，评估和选择有时候会要求别人代替自己去做，例如交给某个评审团，这是错误的。为达成一致或者折中方案，评估往往需要一个真正的、长时间的商讨。下决定是很艰难的，因为要考虑非常多的定义不明确的标准。如果根据想法的始创者是谁来挑选创意，尽管始创者可能是"头儿"，他也无法保证让项目走向正确的方向。

# 第五步

# 发展新概念：深化候选方案

## 初步设计方案的建立

所选择的创意和形态要根据团队中所有成员的思考和评论而演变。建设性的意见交锋使得我们可以从不同的角度去看待设计问题。

所有未被选中的初步方案都要被放弃，虽然里面也会有一些"好的想法"供我们嫁接使用。深化初步方案过快，容易毁了方案。

图 23 所示为米罗公司为法工集团设计的通用钳子的初步设计方案图。

### 初步设计方案：使用和外观

相比设计一个非常独特（怪异、惊人、引人热议、价值不菲）的柳橙机摆在博物馆的橱窗里，或者是放在壁炉的顶部，却不能用，设计一个熨斗的难度更大。因为熨斗要在商店销售，被无数个家庭每次几个小时地长时间使用，同时又要跟其他品牌的产品形成差异。

但是只要在购买时对产品有好感，就会抵消使用的不便。对设计师来说，设计一个顾客没有好感的产品，是非常令人失望的。

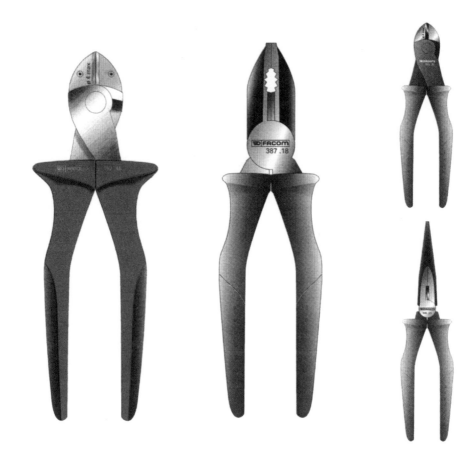

▲ 图23 初步设计方案图，通用钳子，法工集团，1997

举几个审美标准的例子：

- 可视元素的持续清洁状况。

- 外观表面处理情况（起初，一段时间之后）。

- 整个系统的材料完整性。

- 整个系统部件的外观协调性（塑料组件、颜色、反差、图文、附属元素）。

-（被演绎的）产品的符号形象与用户-消费者实际期望的一致性。

产品是社会符号交流领域的标识载体。因此，很多时候竞争就存在于品牌形象以及每个产品的视觉和符号形象上。单纯的外观和形状的某些元素符号特征能够创造或者是摧毁产品和用户之间本来要建立的喜爱和好感。它们还必须与它们所显示或者应当显示出来的档次相匹配。一个具体事物的所有新情况或新关系都会因一个参照物而引起一些心理上的印象和反应。

然而这个参照物可以由一些虚拟的因素决定。比如面对独特的东西，为了理解它需要进行认知整合，人类的想象有时候往往会参照熟知的情况或者每个人自己对其形成的看法，来修正对有形现实的感知。当根据已知的情况（或人们脑海里的看法）预计会是一个优势、获利或者正面的事物时，人们一般认为"安全"；所以他们常常会有冒险的时候，需要第一时间减少缺陷、止损或制止负面情况。

想清楚自己的实际优势水平，或者是参考产品的整体结构及相连装置的实际优势水平，是十分必要的。换句话说，当前的产品外观机型（无论其真正的复杂程度如何），对于整体潜在客户来说，是否具有正面的赞誉，还是相反地具有坏名声的特征？作为对等交换的价格在这里扮演着重要角色，或者说"是否会得不偿失？"根据答案，用户-消费者将会决定是否去发现、猜测、理解和消化其所面对的该新产品背后隐藏的东西。

不论怎样，新产品不应该让客户感到扫兴或厌烦。很明显，第一次与新产品打交道不应该变成一个测试耐心的游戏，因为从任何方面来看它都更像是一个有害的"耐心陷阱"。新产品是一个载体，承载着用户-消费者为了理解产品而要接收（探测、拦截）、解读然后演绎（出于各种目的赋予一种含义，一个意思）的信息元素。

然而，由于人们一般都很抗拒突然接受一个控制系统，所以属于外形心理学的一些心理因素起了作用（格式塔心理学）。例如，一种情境中的形状以及其可能传达的意义（特定的角色或含义）会被更好地识别，也就是能快速正确地被辨认出，且正好是人们所期待的，所以见到它不会感到惊讶。经常人们会优先"辨认出"他们认为在那样的情况下是完全可能出现和适合出现的事物。

在即时感知时，一个有意义的形状的创新性和独特性被证明在心理上是令人困惑和让人心神不宁的（被认为是奇怪的、不正常的、特殊的、复杂的形状）。人们撞上的第一个礁石便是认识到它居然可以这样，而不是像他们期待中的那样。

**137**

为了在感知和心理融合上让用户-消费者花最少的力气，信息首先应该要清晰易懂。所谓信息，这里是指刻意整合在新产品上的心理生理因素、可感知的形状和物质化的标志的一个独特结合。这样一个有意义的形状构造不能看起来像一种偶然的或是随意的结果。在形象方面，构成这样一个"词汇表"的外形因素，在感知上，无论它们是什么性质，都可以被看成是装置或者部件的原型。

从信息这个词语的"科学"意义来说，信息的数量来自于构成信息的符号集合的结构的复杂程度。

面对客户－接受者有过多不可预知的复杂性，过多真实的信息反而让产品传达的信息变得难懂。相反的，不呈现任何独特信息的产品外观型号，因其与原型相符合，就显得完全简单易懂。

## 技术

这是对技术元件的详细研究，包括材料、机械连接、制造工艺、尺寸等。一种工艺，即便是创新的，也不是万能的，无论它是获得专利保护的还是可申请获得专利保护的。然而技术工程师坚信通过合理的配置，出现的问题都能够被"机械地"解决。

设计师相对于技术应该是相对"自由的"。技术问题背后，总会发现一些人文问题，比如设计师对获得承认的渴望。心理需求的满足是人类动力的基础。设计师努力创新，而不是自动自觉地遵循技术程序、行政程序或者标准化流程。这正好印证了不盲从才是创新的源泉。

参与式管理与专制化管理相对立。参与式管理建立在设计者的主动精神上。为了使他们的参与更加高效，他们应获取所有信息并给出建议。在做决定时，他们应该共同协作配合。

为自己进行的设计活动受内在驱动，而当一个活动单纯是为了效果而进行，为了获得一个积极的结果或者为了避免负面的结果而产生，就变成了受外部驱动。受外部驱动的一个人，由于缺乏个体成就感或者信念，对活动本身并不感兴趣，也许仅仅是对活动的进程感兴趣。

必须与惰性、自我封闭、眼界狭窄、不肯投入、工作懈怠、得过且过、一成不变和二元逻辑（是或否）做斗争。设计师和市场营销人员经常会受到来自于技术人员的阻力。当两方或者多方意见发生冲突时，就会导致"折中"。一种是不自觉的，被压制的，为了满足一个欲望而斗争；另一种是有意识的，不赞成这种满足的。这个冲突的结果是形成一个妥协，其中一种意见最终被明确表达。为了使参与更加高效，能够从领域角度做出设计建议，市场营销人员应该深化其自身的推荐建议，将劣势转化为优势，避免优点成为缺点。

价格可以暂时忽略，然而质量却不能。新生事物，通常被认为会是昙花一现。如果一切都是"新的"，就会被看作是"没有意义"的。某些企业排斥来自于外部的创新，即使创新才是它们未来财富的发酵剂。

### 初步设计方案的评估和选择

做出选择通常是很难的，因为每个方案都有优点和缺点。决策的过程极度固化。但是在各位设计开发者之间，必须有相互信任和相互尊重。

在设计和使用产品时，对于性能的估算成为一个基础，用于检验"设计质量"，也用于评估选择和折中之后的使用结果。当要评估（固定不动的）惰性物质，比如工艺时，可以用一种线性逻辑。

产品经理、负责项目的设计师、生产负责人、市场营销经理、销售经理、设计经理，这些人员之间必须达成共识。项目的各位负责人应当首先发言。他们可以通过向全体决策者介绍同样的论据和理由，为项目辩护，而不被打断。所有人拿着同一份数据资料来进行选择，从而避免了认知和情感上的倾斜。

那些能够推动决策、更有"分量"的人，有最终话语权。否则，产品进入市场就会推迟。基本上有说服力的最终决策由公司领导做出。在中国，这个艰难的决策过程，时常有人根据其上级是否在场，而推动演变不同的方案。

真正的问题是要明确大家都同意和接受的评估标准。企业的设计决策，源于企业战略，正常情况下应该能够决定这些标准。这样一来，决策者们、老板们、领导们在设计和选择的决策中，就不再是权威。一个企业越大，就越会有排斥正确决策的倾向。

## 可讨论的外观设计方案具体化

　　手绘图和草图仍然是设计师的必要工具，随着草图和手绘图的绘制，它们使得设计师们可以开发不同的研究方向，描述可能将呈现给客户、向客户解说的方案。

　　运用彩笔、墨水、铅笔的技巧，绘制透视图，展现产品在使用环境下，在不同的使用情况中，有这些可能性和替代选项（见图24所示的通用钳子）。这些创作和沟通的工具，在工作群组内部经常出现的有冲突观点的交锋中，是不可或缺的。有必要掌握图样绘图的基础技术，以便更好地利用可用的软件。

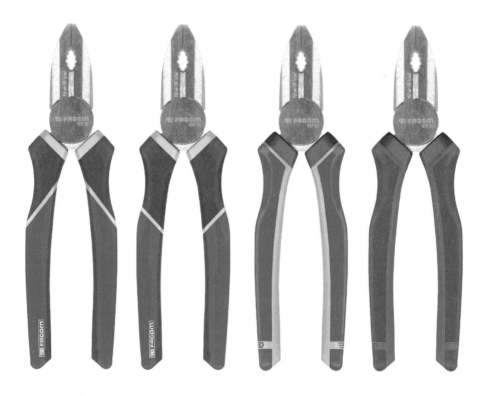

▲　图24　初步设计，色彩原理研究，通用钳子，法工集团，1997

## 绘图，初步模型

设计师绘图是为了表达他的想法，无须花费多年时间去学习绘图，也无须在孩童时就拥有绘画天赋。一旦初步设计方案被选中，要进一步深化，如有必要，根据产品类型不同，就要以初步模型的形式做成实体。这项工作最好由设计师团队亲手完成，比交给专门制作模型的手板厂来做要好。初步模型可以是用最基本的材料，如纸箱、木头、硬泡沫和任何小五金件来制作的初级组合，也可以是一个 3D 打印模型。这样做可以快速推进项目。初步模型有助于发现和尝试新的技术方案，试验和改善某些特性，评估产品的实际尺寸。它能够被测试、摆弄甚至是拆散，以便找出论据，与其他方案做比较。这是达成初步设计的基础或者可以作为新构思的原理。但是必须懂得节制，在这个阶段，这些初步模型不需要进行表面处理。初步模型应随着试验和评估（尺寸、舒适度、技术原理、稳定性、使用方便性等），不断演变发展。

以初步模型的方式来具体化一个想法、一个概念或者一个初步方案能够使人理解优点和不足，但这类模型基本上是不能运行的，不过它能够使项目变得有形。如果可能，接连不断的初步模型将比最初的草图越来越接近真正的产品。

外形和内在同样重要，然而图片是会说谎的，尤其是在尺寸上。很多的设计错误在绘图中察觉不到，特别是在缩小比例尺后。对于孤立元素的感知和偏好意义不大。

## 3D 建模

电脑建模软件可使"产品效果图"快速地生成，呈现给市场营销人员。有了这些性能卓越的工具帮忙，所有的设计者都能做出非常接近真实物体、甚至比实物都漂亮的 3D 效果图，如图 25 所示为沙滩车 3D 模型。

然而这个诱惑看图人的战略却招致了对设计概念的曲解，带来如下问题：当人们看到一张照片，就像是看到了一个"梦想中"的产品，一个"可以立即销售"的最终产品，而非设计过程中的一个中间阶段。这样所带来的讨论会转向对于项目进程并不恰当的批评。有人甚至要求重新设计产品的颜色！大多时候，向潜在客户展示和测试逼真的 3D 渲染效果图，反而会造成误解，导

▲ 图 25　沙滩车 3D 模型，林海 - 雅马哈，2012

致严重错误。

　　当市场营销人员催促"产品"上市时，技术人员就会拼命解释技术设计完成不了（肯定是设计师造成的！）。那些漂亮的、在某些人眼中需要大量工作的效果图，在评估时，确实会更加吸引人们去挑选它。但是漂亮的图像并不能起到很好的引导"讨论"和评估的作用。它只是围绕着方案临时呈现的、所开展工作的中间步骤，在产品形状上并没有完善得很好，明确了这一点，设计师才能够与市场营销人员和技术人员围绕所定目标继续进行开放式的批评。

　　在这个阶段，要求技术人员对于未来产品进行价格评估，虽然不容易，却是必要的，即便只能估计个大概。

### 确定外观设计方案

设计师对市场营销人员很难有好感，因为营销人员的角色就像是一把大刀。而营销人员对产品外观的生杀大权并不总是合理的。设计、技术和营销三者的专家特质分别如下：

- 设计师是使用和外观方面的专家。
- 市场营销人员是产品销售专家。
- 技术师是生产制造专家。

从理论上讲，所有人都无权超出所擅长的领域，跨界进行评估。那些个人的观点，应受到尊重，但是也很危险。由设计师来进行确认，也不是个好办法。

### 试用和评估

任何项目过程中都会产生压力、悬念、紧张和焦虑，特别是在评估的时候。由领导们的级别来决定意见高度，"自然"就赋予了他们对批评性意见的决定权。面对森严的等级制度，设计师的价值需要被更好地定位。

### 初步设计方案的测试和评估

一个质量测试可以用数十个面谈的方式进行，如果可能的话，可通过团队内部来自主实现。对于设计来说，很显然，懂得聆听才会获得有用的信息。面对"这不是一个好主意"的断言，在与他人意见交锋时，设计师应该努力听取意见。适当的改进意见应该被看成是对创作的补充，这样才能够使设计方案更充实。有意见总好过不感兴趣。

不要对这个或那个初步设计方案过度夸耀，不要做过多的广告，而是要尽可能多地进行肯定性的介绍展示，不做抽象的、过于诱惑性的描述。展示介绍应该足够清晰，哪怕某些说明在这个初步设计阶段还不能确定下来。带着风险去继续设计一个不会令所有人都满意的产品，肯定会焦虑，因此需要极大的坚持和耐力。

### 商业可接受性测试

商业测试主要是基于未来产品的外观，但同时也基于预期的使用质量。因此这项测试涉及对产品的总体感受。"质量"是在感觉和情绪中对物品的感受，所以它更多的是一个审美的概念。

一旦谈到审美，就不可能完全客观地评价了，评价不一致就不可避免。对于新事物、新变化的不信任会导致拒绝和否决。

如果说决定继续开发新产品就像是一种冒险游戏，那么因个人主观偏好导致不同的决定就不足为怪了，否则的话，一个机器人都可以跟进开发。

然而目标应该是在中长期的未来，定位影响产品的原始型（原始型号）。产品同时也肩负着与客户-信息接受者交流，使其感受和确保其吸收同化某样新事物、独特事物的作用。要交流的信息应该整合在新型号的产品中。

为了能够让人理解，无论其内容的不可预见程度如何，信息都必须以客户-接受者所熟知的一个外形元素"词汇表"的形式表达出来，通过获知符号和含义的内容（实际的或象征的），被客户-接受者来重新构建。换句话说，为了产品的创新点能够比较容易被接受，其展现出的外形元素应该是已经被人熟知的（能够被立即发现和看懂的，比如图26所示的产品），只是它们的排布（组合与布置）是人们没有预见到的、独特的。更科学地说，信息的数量源于所构成它的符号集合结构的复杂程度。

▲ 图26 婴儿便盆3D模型，七彩宝贝，2013

要记住，以一个"组织好的整体"的形式呈现的、应该传递一个信息的形状，在此指的是产品，其复杂性不单单取决于线条形状的数量，甚至也不取决于它们在可见面积上的密度。这种复杂性与客户-接受者根据原始型所构建的内心图像上所浮现出来的不可预知的各方面有关。

至于所感觉到的产品耐用性，要么通过审美标准或者符号标准来传递，要么直接通过品牌知名度来传递（比如图 27 所示的产品）。在这个测试中我们应该盖住品牌。满意程度涉及某些客观质量和不足，但主要还是主观的、审美的和符号象征的质量。

▲　图 27　儿童车 3D 模型，好孩子，2005

无论如何，总有些产品消费者-客户感受不到其使用质量，只能按主观意愿打分。还有一些产品则牺牲环境质量，来换取使用性能或美观。

### 初步设计方案的实际使用测试

这个测试再次采用使用分析测试方法。这个测试应当评估使用方便性，也就是操作功能的理解便利性和操作简便性。

做产品测试，既不是去测试用户，也不是去测试设计者——这个误解能够部分解释人们对于设计这个职业的不理解。在所谓的"生活实验室"中，通过"用户社区"来做的使用测试都是些骗人的把戏，贬低了近三十年来专业人士所进行的、严肃的使用分析。

## 技术测试

这是进行部分检查的程序。目的是通过一个更好的技术运行状态来改善功能服务。技术测试带来的信息可帮助做出有关改善元器件、必要的功率、元素配置，甚至是产品形态结构的决定。技术测试的目的是为了检查确认产品能够符合技术要求和技术性能，符合所要求的各种质量，经常超过常规认证。这些通常在非真实状态下进行的技术测试，应该有所保留地进行。

## 选择、决定继续和修改

## 产品最终设计要求

评估阶段尤其是要评估产品的使用方便性。然而这个评估，尽管是在设计领域，通常情况下仍然是市场营销人员或者公司管理者的个人判断。仅有的应该被更多地分析和评估的使用质量，却没有被严肃地进行分析和评估，这是因为，人们对于设计师缺乏尊重和信任，尽管有可用的科学方法，人们还是认为使用分析很"主观"。项目评估最终变成由客户、销售人员、营销人员、技术部门以及其他设计师等来进行。虽然从表面上看来这些人的参与是有必要的，但是这样做的结果会导致不良选择，产生无谓的冲突。

因此，初步设计方案的"质量"是一个综合的、个人的模糊评判结果，看起来似乎评判不需要有特别的能力，而且还可能被绘图质量或者初步手板的质量所"欺骗"。

这一步应该要做一些成败在此一举的困难决定。在这项工作中，一个团队要么团结合作要么就是相互斗争。负责人应该对相互对立的观点进行仲裁。无凭无据的敏感，都是源于对方案的批评。

在一个需要协作的设计开发工作当中，团队的所有参与者的利益是一致的。如果出现批判、藐视、中伤，利益就会变得对立。无论如何，产品不会没经过讨论就强制生产。对于最终决策，要等"老板"拍板。

很明显，新设计概念可能会使团队失去稳定性，使决策变得更复杂——选择是有风险的。然而设计师的职业能力、专业知识和技能并不总是受到承认和尊重。

选择继续跟进还是终止一个项目，取决于设计要求是否过于苛刻，是否会导致很多矛盾的妥协。管理者们经常希望设计师能够"创造奇迹"，然而所要求的"工艺优越性"或"美观独特性"便抹杀了无数项目。能够继续跟进的确实都是优秀的，比如图 28 所示的产品。

▲    图 28    蒸汽电熨斗 3D 模型，凯博，2012

人们常说，"如果这是可能的，早就这么做了。"请注意，技术人员可能正是方案的"杀手"，因为成本是否决一个方案最方便的借口。或者，经常出现的情况是，那些重要选择（经常是不好的），要么是由市场营销人员决定（通过产品效果图或者模型来选择），要么是由技术人员决定（技术可行性、价格等），要么是"老板"来决定（或者老板娘、老板的亲信等）。

根据情况，通常有以下几种决定方式：

- 由一个人做出独裁决定，这个人通常是领导。
- 一个由全体参与者做出的多数人的决定。
- 一个少数人的决定，出自几个受到尊重的"专家"。

很少有一致通过的决定。一些人坚持挑选这个或那个外观是正常的，但当其他人都默不作声，就要小心某些个人的、独断的观点。当出现持续的意见冲突时，唯一的解决办法就是组织一个态度积极的小组来推动项目。

# 第六步
# 最终设计方案和外观模型

原则上，当所有的使用要求、技术和商业限制都被充分地考虑，这时做出的最终选择，才会形成最终的外观。

最终设计阶段是在最终的技术实现之前，经过不同设计阶段达成的结果。

它通过模型制作来具体呈现，这个模型将成为"产品原型"，经由设计师连续纠正和修改后，达到最接近未来产品的外观。这个阶段的审美质量接近完美。

## 外观质量评估

外观质量的评估困难与个人成长有关，关系到每个人自身所处的环境、职业、文化和教育基础。即使看到一个模型，一个最终产品原型，决策者们仍然只能给出他们的个人观点，哪怕他们宣称是以客户的名义。不难想象市场营销人员、技术人员和设计师之间的冲突情况，然而实际上只有设计师才是美观方面的负责人。对于市场人员和技术人员来说，更愿意向"平均"靠拢，向着原始型靠拢，而不愿意推出一个引人注目的外观。

示例：对产品的视觉认可——滑雪鞋研究摘录，萨
　　　洛蒙（1992）

我们不必把一个产品当作一个艺术品来欣赏，但是产品

与使用者和购买者之间也存在着非功能性（与产品效率或使用便利性无关）的关系。

单纯的外观和形状的某些元素的符号特征能够创造或者是摧毁产品和用户之间本应要建立的喜爱和好感。

对产品总体形象的认知，认为它能够为人们带来"近乎完美"和"高科技"的服务，会对人们的精神状态产生良好的效果，从而决定产品的使用和购买。

……

为了使用户-消费者放心，免去不必要的担忧，未来产品的线条结构最好不要比产品原型复杂太多。

比如，目标客户是普通男士和女士的一双滑雪鞋，就没理由做得故意让人联想到复杂的机器人玩具，或者像一只仿生生物的部分甲壳，甚至是一只小龙虾或者一只用 20 世纪 90 年代风格来装饰的史前犰狳。

新产品看起来不应该像一个复杂形状的堆砌物，一个由各色各样的轮廓线条、浮华炫耀的色彩组成的各个部分、东一个西一个无关联元素的混杂缠结。

正相反，多种必要的元素应当尽可能地在轮廓、局部结构、颜色、质地、图纹上呈现出一致或同质。

另外，为了使一个产品的整体外形能够更多吸引观察者的注意力，其外观就必须是整齐的，而不是混乱的。而这个存在于各元素关系整体中的有序程度直接取决于这些形状元素的设计组合（将被感知的外形构造）。

## 快速成型

立体光刻造型、激光烧结、热熔丝沉积，如今这些都已经实现了的方法，在过去都是不可能的。虽然技术进步令人惊讶，特别是复合材料打印技术，但是快速成型技术仍无法取代"手工"的外观模型制造。

因此喷漆仍然需要手工进行，需要精心打磨表面，上一层或者几层底漆，才能制作出外观模型的上佳表面质感和视觉质量。

对于一头扎进数码进步中的技术人员，有了"软件"，一切看起来似乎都更加容易了。一些人甚至已经忘记了设计师的存在，用"3D 打印"取而代之，热衷的程度就像是 CAD 软件面市时那样。这样一来，手工实践就越来越不受重视了。

**150**

## 细节研究与确定外观

### 技术研究和调试

对于未来产品的功能障碍或者缺陷，人们经常归咎于设计师，认为其不懂技术或者过度自由发挥。

团队中应减小设计和执行、命令和服从、"懂"和不"懂"之间的分隔。并不是要解决或者消除冲突，而是用一种建设性的精神去管理。为了实现这一点，在设计中不应出现权力职能。设计师不应该以一个学者或者专家的身份出现，置身于冲突之外，而应该作为项目的推动人，发挥其强大的主动性。

技术人员的使命是解决与设计和制造具体相关的工艺方面的问题。这样的安排是因为其具备以科技文化为基础的技术知识和专业技能。制造一个产品需要设计和装配不同的元件。技术人员要构思和计算所有部分的特性：负荷、体积、重量、用材、拔模斜度、缩水等，他们要对每个零件和它的装配方式进行建模，进行可视化呈现，模拟某个零部件在不同情况下的动作，特别是对于各个组件的脱模情况。原型机的实现应该与模型完美匹配，或者有需要时可改进模型。技术人员和设计师二者之间应该经常进行建设性的对话。

研发部的技术人员从项目的"出生"，到确定并选择元器件，再到产品投入生产，都要一直跟进。他们要与设计部门、市场部门和生产部门等"手拉手"地合作。他们要搜集所有领域的工艺创新信息，把新技术结合到项目中，以便在竞争中抢占先机！例如电子器件、"芯片"、微处理器等，体积已经缩小到微乎其微。但是极度微型化通常忽视了使用需求。并不是只有增加研发预算，才能自动地进行创新，创造出使用质量更好的产品。

### 最终设计方案：细节、纹理、配色

一个产品的外观设计应该与它的使用方便性同样重要。没有任何一种审美改造足以掩盖产品缺陷，比如，产品缺乏操作简易性。在所有使用和环保需求、技术和商业限制都已经被充分考虑的前提下，才应根据最终选择而考虑外观美观，比如图 29、图 30 所示的产品。

▲　图 29　带内置边角修剪刀的割草机外观模型，沃施，2009

注释：1. 把手与车身形状相同，方便折叠，无需工具和拆卸。2. 大容量储草箱，方便取出和
放回机身。3. 配有用于边角修剪的剪刀，一直在充电，移动式，在除草过程中可随时进行
边角修剪。4. 把手可抬起，便于运输和收纳。有防撞条，防止与障碍物相撞。

▲　图 30　电动自行车外观模型，艾可，2012

外观，是对产品的满意度和同理心的汇聚中心。对于外观审美的认可，特别是对于最终模型的认可，是令人兴奋的，同时也是必要的。设计师，是一个需要有感官和情感敏感度的职业。设计师敏感的天性和一定的设计自由，应该得到整个项目团队的尊重。但是产品讨人喜欢的关键，源自某些让人觉得有些神秘、难以考查的因素，并且需要设计能力和经验的支持。

设计文化、好的品味与所有家用物品相关（比如图 31 所示的物品），同时也包括机器、专业工具等一切会与环境和用户之间发生关系的"产品"。

不存在永恒或绝对好看、漂亮、可爱、和谐、高贵、讨人喜欢的事物，也不存在绝对丑的、平淡无味的事物。美并不是偶然发生的，有一些共性的东西会出现在美的产品上。对于美的感知可以回归到愉悦的感受上。设计师努力去接近一种审美完美。外观质量的欣赏依赖大量有内在联系的因素，产品反映出某种身份和性格特征，从个性上看，有时尚的、现代的、强势的、丰富的、技术感的、未来主义的、陈旧的、热情的、整洁的、男性的或者女性的，家用的

▲　图31　学步车玩具托盘，好孩子，2005

或者专业的；从趋势上看，有自然的、古典的、圆润舒适的、便携的、高科技的、复古的。它们代表着价值符号。一个美丽的物品不一定是使用简单的或者有用的。

　　物体的交流是感觉上的，它涉及视觉（可视的外观）、触觉（皮革的坚硬度或柔软度）、听觉（咖啡机或者汽车噪声，车门声）、嗅觉（木头气味或者一辆新车的气味）和味觉（口感和味道，比如咖啡）。

**示例：电梯轿厢设计建议**（颜色和环境氛围）**研究摘录，迅达**（1989）

　　如果把材料的色调"孤立"起来看，明显不足以让人了解它所能带来的色彩感受。我们不仅能看到天空的蓝色和灰色，日落的红色和橘色，树叶的绿色和黄色，植物和动物无穷无尽的色彩上的细微差别，还有人工世界合成的物质或者光线里大量的色彩斑斓的效果。周围的颜色引起的心理-生理感受是明显的，但是物质环境、时空和社会等因素在很大程度上也共同进行影响。不管怎样，这些感觉都不能够概括成几种简单的模样，就像我们不能够说，任何环境中，蓝色都能让人觉得温和、宁静和放松。

总体上看，对于色彩的感知，与物体的颜色、色彩氛围以及与它们生活的改变或设施有关，通常都与舒适或者不舒适的感觉相连，取决于个人偏好。虽然从统计来看，因为既成的社会文化习惯，在西方人当中，存在一个相对稳定的偏好顺序，但也存在相当大的差异，差异在个体间和个人自身随时间变化都有；这其中还结合着每个人的情感经历以及习俗和时尚的变迁。

一方面，存在着大量颜色和色彩效果（色调、饱和度、明暗度、多色），另一方面，在使用和感知方面也存在很大差别，这其中包括：基本性质，物体或系统（电梯间、隔墙、护墙板）的预期寿命、功能质量和额外功能，材质、纹理、外观和表面质感，甚至是表面温度以及声学和振动表现，这些都会引起感官作用（在电梯轿厢里面的视觉、触觉、嗅觉和听觉）；感受到的光源（通过反射、传播或者反射-传播相结合），元素之间的尺寸和相对比例，三维结构和形状，每个元素自身的二维形状和形状元素（平面设计），相邻或相近元素间的对比效果，包括同时性、数量、互补性、个性、质量的对比（色调、饱和度、明暗度）。

环境光线对于色彩效果也有很大影响。正如前面已提到的色彩氛围，电梯轿厢中的色彩氛围，在一天当中或是一年四季中，甚至一周工作日中或者休闲居停时，都是不固定的。

从心理学观点来讲，感官感受到的气氛能够刺激活力、坚定决心和帮助感情流露；与之相反，则导致被动，加重焦虑或者促使内省。

通过特别色彩装饰的感官气氛来加强或者产生幸福感和安全感，从生理的角度，也就是抑制用户的神经系统，表现为代谢活动（血压、心率、呼吸节奏和发汗）的减少。

用户应该显现出从容的神态举止，只专注于搭乘电梯这一段所需要关注的东西，而不是紧张和时刻保持警惕，当然，条件是除了他与电梯之间的关系以

**155**

外，没有其他的兴奋、担忧等因素对其施加影响。

对他们来说，对于审美反应不能直接以生理方式表现出来，因为这些反应似乎不属于大脑的原始功能，更多的是个体发展和教育的结果，而非神经系统的本能反应。我们对和谐的感知，对形状之间、人群之间、价值之间和颜色之间的紧张和平衡的感知、对线条结构的内部协调性的感知、对敏感本质与所有机器结构所具有的艺术概念性自由之间不可分离的配置的感知，都是如此。

允许进入的、宜居的内部空间与禁止的、不宜居住的技术环境空间之间，是否应该有边界和屏障？从格式塔形状心理学的观点看：电梯轿厢里的封闭空间，在拓扑学和物理学上，本身对用户就构成了一个独立的形状。重要的是围起这个空间的壁板有助于让人感觉它是一个和谐和让人满意的整体（就如同一个"好的形状"）。

因此，与其将此围蔽起来的内部空间看作是一个二维的、可能会出现审美自由的并列排布的隔板，不如将这个空间当作一个三维的形状来考虑、设计和创作。

同样需要强调的是，电梯轿厢内空间，在用户心理上，有可能并不那么重要，因为他们不那么经常坐，在里面待的时间很短，做的事情很少，对其的回忆很少，占用体积很少，很少把它看作是他们的存在空间。

物品就是一些"符号"，一些有意义的元素，应该能够被用户和客户来解读（如图32所示的产品）。它们带来喜爱、赞叹、注视、极乐、欢笑、欣赏、信任、惊讶、惊喜或者冷淡、厌恶、失望。符号根据用户或者客户的精神状态、心情和性格，表达出人的感情。

物品的"性别特征"越来越少了。男人和女人的行为和要求越来越接近：汽车、修理工具、身体护理、衣服、计算机等产品，因为他们共同的倾向、生活方式、价值体系反而越来越具有决定作用。

物品的"国家特征"也越来越少了。不管某些政客们怎么说，"法国制造"并不是"质量"的担保，远远不是。但是，在缺乏关于产品信息的绝妙情况下（见准备过程工作），这个老生常谈总会有听众。

产品通过形状、颜色、纹理、表面质感、图文、材质，通过与周围环境和谐、协调的外观，以及形状元素之间的关系，激发情绪。

**156**

▲ 图 32 可移动式电视机模型，贝斯特，2006

一些与视觉外观相联系的具体目标，不能够有：

- 忧郁暗淡的颜色

- 过于鲜艳刺目的颜色

- 劣质外观

- 草率的表面处理

- 过于具有攻击性的、过多棱角或者过于四四方方的形状

**157**

- 太软、太圆或者太过于拱形的形状

- 过于精雕细刻、过分装饰的形状

- 面目可憎、令人厌烦的外观

而必须要有的是：

- 更加丰富多样的材料

- 更多突出的呈现

- 更多与竞争者的不同之处

如图 33 所示的产品。

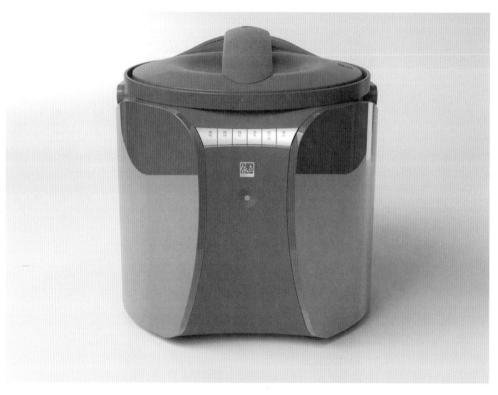

▲ 图33 电饭煲外观模型，依立，2010

## 3D 建模

3D 建模用于渲染从各个角度尽量真实呈现产品的图片。3D 模型接近未来产品真实的样子，已经能够表达出感情，尽管最终外观模型会超越这个产品原型。3D 模型和产品的相似度或高或低，但相似度已经足够，可以供技术人员使用和处理。要知道，3D 建模已经让产品的实现时间大大缩短了。3D 模型接下来要被用于制造产品外观模型和原型机。如图 34、图 35 所示的手板车间和3D 打印。

▲　图 34　Euromodel 手板车间

技术人员研究如何制造出符合要求的工业零部件，比如要确足尺寸和公差的要求，要有良好的外观和运行状态，还要符合生产规范，易于制造和维护。

他们进行技术设计，通过功能分析，根据设计师的初步设计方案，分析技术可行性和技术限制。

为了以最低的制造成本、最短的生产周期把产品制造出来，他们研究技术解决方案和工业实现方法，分析工艺流程、工人能力、工具、执行时间和节奏、机器的生产能力、零件规格、零件外观和表面处理、垃圾回收再利用、物流等。

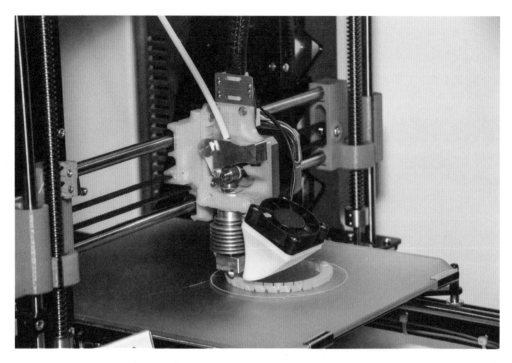

▲　图 35　3D 打印

## 模型的制作和修改

对"漂亮模型"的研究和制作，虽然也使用更快速的、根据电子文件"自动"运行的工具，但是也增强了人们对于手工业的敬意。

在这方面，设计师再次展现出对材质和做工完美的东西的热爱。如果缺少了这种完美，人们的注意力可能会集中在一些细节瑕疵上，从而影响判断。但是，一个视觉质量非常好的模型，也可能会引起人们对于成品的失望。模型不应该显得造作，它的外观应该是真实的、原装的。它不应该背离真实产品，就像一张漂亮的效果图可能会带来的影响的那样。它应该使得某些使用外观特征显现出来，特别是展现出未来产品真实的最终外观。这就需要技术人员和整个团队遵照模型，使其与未来产品的外观完全一致。

产品外观模型可以用来向销售人员做一个关于质量感受的非正式调查。它既不能被操作，也不能测试使用方便性，更加不能测试使用安全性。它不能运行，因为里面没有安装技术元件。有时候会拍下它的照片用于商业展示，但要注意其仍只是一个暂时性的物品。也可以用产品外观模型申请外观专利保护。

模型的交付大体上表示设计师的工作已经接近尾声了，设计师如果能继续跟进项目直到产品上市会更好。模型的制作和修改、中间阶段的模型随着团队中的意见交流和评判而发展演变，这对于整个设计过程至关重要。

要注意的是，虽然说 3D 打印机在制作初步模型和展示设计草图方面有用，但它并不会像很多外行人所说的那样，推翻现有的工业模式。

的确，有了立体光刻造型、粉末，甚至是金属粉末激光烧结、热熔丝沉积技术后，看起来似乎没有什么是不能被做成模型的。然而，这些工具永远都不会代替设计师的工作，不会像媒体中说的那样。

对于设计，"亲自动手"一度被认为是微不足道、受人歧视甚至是可耻的。美国设计师被明确禁止亲自制作他们的产品模型。

只要能进入最好的商学院，再优秀的理工科学生也会放弃工艺文化、产品设计和生产。社会认可过于看重做学问。工程师学校不再培养产品开发工程师。学生们更愿意待在金融公司而不是工厂里。企业结构把脑力劳动和体力劳动分开了，将脑力劳动交给所谓的"精英"们，体力劳动交给工人们。懂得思考的聪明人制订"工作得好"的规则，给那些其实不那么灵巧和熟练的工人，或者，现在是给那些只会根据指令执行，不会盘算、想象或者推理的机器人。最后由这些"智能"机器人来工作！

这就意味着那些有资质的设计师-模型制作者，那些会思考、构思、把设计和手工制作结合起来的人正在消失。要知道"手即精神"，要把脑子、创意和动手做连起来。设计学校应该设立工艺课程，促进模型制作的研究和实现。在产品设计中重新加入"手工劳动"，比如试验和使用测试，特别是模型制作，对设计工作将是有利的，能够激发创意的。

**产品原型的制作和试用**

根据电子文档和外观模型，必须制作和测试产品原型（见图 36、图 37），来测试有效技术性能、耐寒性、防水性是否符合规格和标准。这些测试和评估可以使研发人员做出必要的修改，在产品制造之前决定是继续还是终止开发。

**161**

▲ 图36 电热水壶外观原型，哈尔斯，2014

▲ 图37 电热水壶外观模型，哈尔斯，2014

**模型、专利保护**（该标题内容由 Marcuria 事务所的 Claire Ardanouy 女士，依照法国法律情况编写）

设计师的知识产权保护——任何一个独立的或者供职于企业的设计师，在设计创作完成后都会问自己以下问题：

我的设计作品是否是独特的？换句话说，人们是否在我的作品中看到了我的个性印记？

如果答案是肯定的，那么设计师将可以要求一个版权保护。但只要它是独特的，创作后就产生了版权，不是必须去提交申请。不管怎样，设计师都要妥善保管好创作的证据，各种形式均可，能证明一个确凿的创作日期（密封保存原始创作文件、加注创作日期、网站上放时间印、在公司内部备案等）。版权最初的所有者总是作者本人。因此，无论作者是否是领薪雇员，他都是经济权利和道德权利的持有人，即使他是被雇用去进行一项创作任务。

－ 经济权利是指对于作品进行经济开发后取得的权利，凭此权利作者可以禁止或者授权创作被使用，以换取报酬。

－ 道德权利是指保护创作不受侵害的权利。它包括作品发布、修改、撤回的权利，作者名誉和才华受保护的权利，创作受尊重的权利。

通常情况下作者是一个自然人，集体创作作品除外。集体作品最初由一个自然人或者法人发起，在他的领导下，以他的名义对作品进行编纂、出版和发行，每个作者的贡献都融合在集体中，人们不能分辨出是谁具体做了什么。在这种情况下，作品属于公布该作品的自然人或者法人。

在法国，作者去世后，版权仍有 70 年有效期。超出这个期限后，作品属于公众。

我的作品是不是新的，有没有自己的个性？

新的，意味着不与之前公开的任何一个产品一模一样，或者说与之前公开的产品至少有一些轻微的细节不同。

具有自己的个性，是指具有引起观察者对其产生不同于其他同类型作品的整体视觉印象的创新点。

在具有这两个条件的前提下，设计师可以向法国工业产权局（INPI）申请外观专利，以取得在法国的外观保护，或者向欧盟工业产权办公室（EUIPO）

申请外观专利，以取得在欧盟 28 个成员国中的外观保护。要获得图案和外观的保护权利，必须要提出申请。法国国家或者社区专利有效期为 5 年，每 5 年一更新延期，直到 25 年最大期限。

图案和外观专利保护可与对作者版权的保护并行叠加。

我的创作是否对于一个已知的技术问题是一个新的技术解决方案？

如果答案是肯定的话，设计师应该考虑一下申请技术发明专利的可能性，可以向工业产权顾问咨询他的发明是否的确是新的，是否属于一个发明活动，是否可能申请技术专利。

需要注意的是，在申请图案和外观专利之前，要认真核查申请技术专利的可能性。要获得技术专利保护的权利，必须要进行申请。如果申请成功，在法国一个技术专利有 20 年有效期，条件是每年按期支付专利费。

# 第七步
# 细节研究以及技术实现

## 技术研究

技术设计以前把产品看作是可以在符合安全规范的情况下运行或者发挥其主要功能（比如洗衣、吸尘）的机器。技术人员真正考虑的使用性能仅仅是那些最容易在实验室中实现的技术特性（如低压、流量、碳排放量、能耗等）。

技术研究人员起草细节图样，绘图员做最终绘图，起草图样的人员和技术研发人员共同参与新产品的工业调试。他们的人员、能力和经验将决定产品工业化的成功或失败。

在方案的改进方面，技术人员当然也可以给出建议。他们对产品原型机进行试用，以便能够测试出产品技术性能或者安全标准。他们可以是机械师，通晓静力学、运动学、动力学或者材料性能，也可以是冶金工程师、水利工程师、电力工程师、电子工程师、信息工程师或者通用学科工程师。技术人员要计算、研究和选择最终的零部件。他们应该注意制造成本，因此应该进行技术创新，具体内容包括：

– 研发新技术和新材料的应用。

– 分析和测试技术可能性。

– 探索新的合作伙伴和供应商。

– 如有必要，根据新产品来改变生产组织。

– 研究新的制造流程、新的生产方法。

那些专业的外部技术研究所，对于没有足够人手的企业来说，可以作为企业的分包商，进行专业化的、高效率的工作。

## 技术元器件

为了避免多次的反复修改，技术元器件在设计之初就应该在技术要求说明书中进行明确。在中国，为了节省时间，通常是从竞争产品中提取，然后拿去研究和选择。尽管如此，由于尺寸问题导致最终设计的修改还是很常见的，由此便会引发团队中的某些冲突。甚至，某些零部件仍然是依靠进口（例如意式浓缩咖啡机的泵）。

## 机械连接和装配技术

装配可以是永久的或者是可拆卸的。

永久装配是指：

– 焊接，通过激光、摩擦、振动、超声波、电弧、电子束等实现熔焊、压焊以及钎焊，使消除机械连接成为可能。

– 收缩配合，紧配合。

– 用简单冲压的方式铆接钢板，不需要连接件。

– 胶水、胶带有时候可以使装配更坚固，而且通常更节约，比如环氧树脂、聚氨酯密封胶、乙烯黏合剂（白胶，用于木材黏合）、丙烯黏合剂，用于金属、塑料、木材、玻璃，透明无味；还有氰基丙烯酸酯黏合剂、氯丁橡胶、热熔胶、硅胶等。

有些塑料材料大家一直都以为无法黏合，如聚乙烯和聚丙烯，实际上现在也变得可以黏合了。

可拆卸的装配就是指通过螺纹连接、销连接、键连接等完成的装配，这样的装配拆开时连接件不会被毁坏。

## 材料的最终选择和制造技术

制造工艺的选择也是设计开发的一部分，它取决于所使用的材料，需要根据市场营销人员的预算，控制模具、材料和人工的成本。设计师的想法，在生产中并不是总能实现，尽管设计师也了解一些技术。

　　塑料材料已经诞生近一个世纪，通常都是注射出来的。在企业的要求下，这是设计师和工程师使用得最多的一种材料，甚至用的有点儿过，这些企业大部分都配备了操作简单、能"制造一切"的注塑机（就像图38所示的那样）。用于注射的机器成本仍然高昂，特别是用于加工大型部件的机器。

▲　图38　热注塑机

　　更节约材料的气体辅助注射成型技术、模内装饰、织物或金属薄片植入等技术，仍然不为人知，一些设计师甚至是企业家们都不了解，也不愿意使用。

双色注射和二次注射目前占有一席之地，因为可以改善产品外观。材料对设计师也有影响，电致发光聚合物、非晶态金属或者记忆合金、复合材料等提供了很多新的可能性，但是目前应用得很少，只有接近艺术家和明星的设计师才有所使用。

要在设计时考虑某些塑料材料给环境造成的危害，它们当中有些经过上千年才会被降解，有些材料自生产起就是有害的，比如聚酯、环氧树脂、酚醛树脂、聚氨酯树脂、聚氯乙烯等，聚酯和环氧树脂，含有污染环境甚至有毒的苯乙烯材料，酚醛树脂、聚氨酯树脂、聚氯乙烯 PVC 也含有有害甚至致癌的成分。有些材料被列为污染物、有毒物，甚至是致癌物，它们在制造时就已经很危险了。

根据其结构，大量热塑材料性质都可以被改变，根据不同工艺可以被熔解、模塑或塑型。某些塑料的外观和触感与天然材料相近，比如类似于皮革和橡胶。要注意这些材料的坚固程度随着每次加工而降低，填埋时不会降解，再循环利用时能耗少。

层化技术使得非常昂贵的碳纤维大获成功，尽管在制造技术（低压注塑加固）和再循环利用方面取得了进步，仍然需要技术非常纯熟的工人。很多产品用这种材料制成，同时热固性塑料不能被熔解再塑型。它们被倒入模具然后压制或注射。聚合材料的耐用性根据用途不同而变化。

某些材料是不可替代的，特别是用于乐器（小提琴、古提琴、大提琴等）的材料。陶瓷材料还没达到传统器具的听觉效果。

生物塑料、天然聚合物等，以淀粉或醋酸纤维为基础、不加入石化产品的材料在寿命周期结束（大约 5 年）后是可生物降解的，而且在生产过程中消耗更少的能源。聚合物是不可生物降解的，仅有四分之一可以循环利用，剩下的部分需进行焚烧，这样会造成非常大的污染！

需要注意的是，其他可用材料还有聚乙烯（PE）、聚丙烯（PP）、聚苯乙烯（PS）、聚苯乙烯（PSC）、ABS、聚对苯二甲酸乙二醇酯（PET）、聚碳酸酯（PC）、聚酰胺等。

有些新的生产材料或生产技术仍然知道的人不多，有些已经或即将被使用：

－带有某些添加剂或成分的塑料。

－复合材料、蜂窝铝。

－硬泡沫。

－低压注射技术。

材料的质量以及它们的感官质量在情感方面起着重要的作用，甚至反映在嗅觉上，例如：木材的气味让人觉得舒服，摸上去温暖，因年久而产生的色泽，成为了独一无二的特征；相反玻璃就是冷的，易碎而坚硬。有些材料可以创造一种感情联系。在一个领域使用一种优质材料，也可以成为其他行业的参考，无论设计师是怎么应用的。

## 技术调试

技术人员要计算和计划生产方式，包括有几个步骤，使用什么类型的机器，由他们提出改善建议，使生产工序和设备与工艺的发展相匹配。他们还可以与工艺工程师一起安排新的生产方式来降低生产成本。

## 待生产产品最终细节说明

将未来产品的所有特点和性能列一个清单，经过整个设计和制造团队审查、认可，而且整个团队均可用，包括所有图样和术语。

## 生产技术研究和实际生产

"超塑性"材料的吸塑工艺，可以使用铝模成型，这种技术在包装行业使用很广泛。

数控机床的激光切割技术能够制作高精度、形状复杂的零件，任何材料，无论软、硬，都能够被焊接。

自从有了激光焊接，透明塑料的焊接成为了可能。

工艺工程师研究合适的生产技术和生产方式，而生产工程师负责工厂生产。生产中自动化机械得到了广泛的使用，比如图 39 所示的自动装箱机械臂。

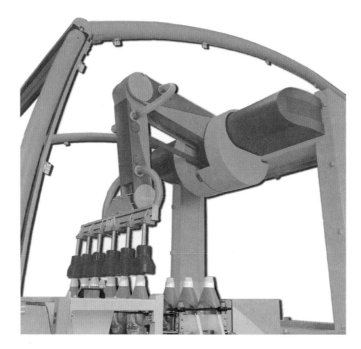

▲　图 39　自动装箱机械臂，希迈，1998

## 表面处理工艺研究

喷枪上漆一直都被广泛使用，但表面处理却有创新性突破，比如亮面的、细磨砂的、天鹅绒的、虹彩的、珠光的甚至是热变色或者光致发光的表面。喷漆通常是手工完成的，但是大批量时也会采用自动化机械臂完成。

热固性或热塑性静电粉末喷涂，将粉末涂料吸附在整个部件表面，能够循环使用，对环境没什么影响。经常用在需要耐热层或者耐化学腐蚀保护层的金属制品上。

流化浴粉末喷涂，涂料能够附着在零件表面，形成强力保护层。目前用于汽车行业的水性涂料，比溶剂型涂料的毒性小得多。

真空镀膜，在底漆和面漆之间制备膜层，可镀铬、铝、银或金等，可着色。特别用于一些装饰部件、耐磨损或者耐光反射部件，比如在汽车前照灯上。能相容的基础材料有很多，铝材是最常用的。真空镀膜制造垃圾少，使用铝材少，对环境的影响可以忽略，除了底漆和面漆之外，与喷枪的效果类似。由于抗腐蚀性强，真空镀膜延长了零件的使用寿命。

阳极氧化处理形成一个非常牢固的铝的氧化膜，能够对铝、镁、钛等材料起到保护和装饰作用，该氧化膜维护方便，颜色稳定，耐热，耐腐蚀，无毒。唯一的环境风险（影响非常有限）是废水如果没有被过滤就排放，会造成水污染。

镀铬经常被用在卫浴用品上，金属材料造价高昂。它具有防腐和防潮作用。配料难以回收，因为其中含有毒成分，尽管最近有一些技术进步。

通过金属的电化学沉积而成的电铸法使得金属或者塑料表面"持久发光"。这种技术用于首饰和金银制品，覆盖在通常很便宜的底材表面，镀上银或金，甚至是镍、铜或铂。因为使用的化学物质多少都有一些危害，所以过滤这些物质应该能确保对环境的影响有限。

电镀锌给钢零件带来一个长期保护。它可以循环使用多次，成本很低。由它而生的外观从浅色亮光到淡灰色，取决于钢的质量。

在光化学蚀刻或光刻中，不遮盖的那部分材料会被化学反应侵蚀，而覆盖了一层膜的部分则毫发无损。这种雕刻很浅，被用于铭牌、首饰和金银制品的一些平整的平面上。数控雕刻（通过激光或铣削）能够高精度雕刻几乎所有材料。

一些印刷技术同样是可实现的。丝网印刷几乎可以在任何材料上进行，可以在平的或圆柱面（包装、广告用品、印刷电路板）上印刷，还可以加上导电油墨，或者做成透明的。印刷的油墨有很多种：珠光的、金属质感的、透明的甚至是泡沫质感的。通过紫外线使墨粉聚合，能够获得比其他技术更加复杂的装饰效果，比如热烫金。丝网印刷也同样用于嵌入模型的装饰薄膜。丝网印刷通常是手动操作，但也有机械系统连续运转。

用一个硅胶印头蘸取油墨，然后蘸压在工件上，移印可以用于任何表面（平面、凹面、凸面）。但是印头的面积大小是非常有限的。

不干胶这种技术需要比较熟练的手工操作，用于器皿装饰，比如厨具。

水转印技术能够将原来印在薄膜上的任何花样或图案转印到通常是立体的真实物体上。它使得产品外观效果比较真实，与价格较昂贵的、不能注塑的真实材料的质感相近。这种模仿工艺效果相当持久，可以用于大部分产品，甚至是经常被使用和操作的产品。

## 最终原型制作

最终原型是很必要的，由它可以研究和检验未来产品在技术运行时的情况。它展示着预期的技术性能。比如图 40 所示的车载婴儿座椅原型。

▲　图 40　车载婴儿座椅原型，晨辉婴宝，2007

　　经过几次甚至是多次调整后，人们能够对其进行试用，不需要担心美观（这一项由设计师提供的外观模型负责）。虽然它只使用实验室内部的材料，仍然可以让我们发现在计算机屏幕上意识不到的差错。

　　快速成型技术还不适合批量生产，但可以使用强度更好、甚至是强度非常高的多种材料，是用于制造产品原型机的优秀工具。

# 第八步
## 参与生产过程

在正式投产之前，如有必要，设计团队应该参与产品的意外情况处理和最后修改，与以下人员进行沟通：

- 采购人员，他们可以起到重要的作用，特别是自经济危机以来，他们就想尽办法获得最优价格来尽可能地降低生产成本，同时又要采购回来技术质量过硬的产品。采购为制造提供所需材料。讨价还价是这个职业的基本点：必须找到、说服，然后通过竞争来监管控制供应商。

- 工艺工程师，他们要在新产品投产之前进行产品调试，规划制造工序、生产线设备、组织生产、工人数量。现在，自动化设备、复杂的机器人越来越多地代替工人。

- 质量/安全/环境负责人（简称 QSE），要遵循环保相关规定，协调生产技术质量、工人安全和生产效率之间的关系。他也同样要努力避免哪怕一点点的、在销售时会"破坏"产品的视觉缺陷。但是，最终还是由设计师来确定，例如，一块塑料的透明度和色泽，特别是要检查从试模出来的第一批产品和试制批产品的质量。

## 制造研究

### 成套工具、设备器材、采购、制造

从设计方案到制造，这个过程并不总是一个线性的过程。特别是在中国，企业还没有足够的熟练工人，合格的熟练工人是设计和工业实现之间的"通道"。生产技术人员一般通过检查电子文件而介入，然后再要求进行产品修改，但通常已经有些迟了。

技术应该为设计提供支持（见图 41）。技术设计软件可以方便地预测零部件技术质量，模拟铸模和装配。这样可以降低工艺装备和材料成本，所以越来越多的企业提出这方面的要求。因此，创新不单单是产品创新，还有生产程序创新，就是通过技术、机械和软件方面众所周知的变化来创造新的生产方法。很明显，越来越多的机器人代替了工人，然而还有很多其他几乎没有变化的方法，还在使用当中。

▲　图 41　技术应该为设计提供支持

工艺工程师应该比较不同的制造技术，这些制造技术并不总在他所熟知的领域。对于每一个部件，他要去选择最适合的方式，并承担某些风险，如有必要，在项目设计团队同意的情况下大幅修改设计。对于有关材质和表面处理的最终选择也是一样。

模具工程师根据电子文档设计并制造模具，他们强调精度，特别是在抛光上。设计团队特别是设计师应该关注细节，尤其是表面的外观。模具的制造过程已经被数控设备简化了，但是制造模具的时间经常比设计模具的时间要长！因为制造模具更加"可见"，相对来说更容易控制。

还需指出的是，生产技术应该能够启发设计师，从而令设计师可以运用一些新技术去设计有独特外观的产品（不是指署名原创设计）。

设计师应该被鼓励，不要嘲笑他们缺乏所谓的技术能力。技术人员应该支持设计师，而不是扼杀他们的方案。技术人员应提供解决方案或者协助他们实现想法，扩大可能性范围，建议一些生产的选择方案。无论如何，表面质感的视觉质量应该是一个共同目标，是所有人的骄傲。

### 试制批

试制批是指首批产品，能够模拟和证实产品的经济利益。尽管这是一个决定性的测试，但是第一批试制批的产品可以在注塑、颜色、装配甚至是技术运行方面有一些缺陷。启动生产将在一致同意的情况下决定，这取决于设计师吹毛求疵的程度，以及在不过于挑剔的情况下，是否有技术方面的"小瑕疵"。那些"致命"的细节问题，比如太明显的合模线，或者一个不能被接受的凸起等，都会成为冲突的根源。

## 制造跟进

### 有效使用测试

客户、用户和消费者的真实意见与在设计阶段预期的产品的目标"优点"迥然不同。实际满意程度与客观质量、缺点有关，尤其与主观质量、审美和符号性的质量有关。某些消费者-客户注重产品的主观质量，不惜牺牲产品的功能质量，反正他们也不了解其功能质量如何。另一些人则为了获得使用性能而牺牲环境。

至于用户感受到的耐用程度，可以通过审美、符号标准或者单纯的品牌知名度来传达。

## 技术测试

技术测试是关于技术性能的测试，经常只是在实验室里进行，要能够符合规定或相关适用标准。无论营销人员怎么想，这些测试跟使用性能和使用要求是没有直接关系的，不适合给用户看。

## 商业测试：质量感受

质量感受来自客户与产品的接触，可以是在商店、橱窗、展览会上或者朋友家，它是感觉和感官的印象之和。看一个引人注意的产品，就有可能会导致购买行为。有说服力的产品质量信号会自行传播，一个创新的、有趣的、独特的或者惹人喜爱的产品，能够直接激发购买者的好奇心。

感受到的高质量不一定会增加使用成本，但是却可以让企业制定一个更高的销售价格。更好的材料，尽管会引起成本增加，但是可以吸引和增加销售，利润率也更高。所以说，只有成功才会带来成功！

高质量的产品会减少丢弃，某些神话般的产品，如汽车、家具、玩具、手表或者眼镜等，都成为了超越时间的经典，而且非常耐用。太多"新产品"被抛向市场，感受到的好质量能够使产品更好地被销售。价格战只会造成失败，当企业低价倾销时，引导顾客去买的是一个折扣，而不是一个产品。

客户与企业对质量的感知之间存在非常大的差距，这不仅仅是"观点"上的不同，客户关心心理方面的、主观的质量，把技术保证留给了企业。产品的"质量"是一些模糊的、尴尬的评判结果，不需要任何特定的能力，要么就是用户在购买后给予的评价。对于塑料的感受质量通过厚度、轮廓、柔韧性、表面外观、噪声、色彩、装配等来评价。如果塑料材料和合成材料具有优越特性，看起来不那么"塑料感"，客户和用户是不会拒绝的。

具有"现代感"的产品预示着它利用了现代技术的进步。这给产品的持续更新换代带来了可信度。产品要展示出"没有问题"的形象，给人一种一切都做得很好的印象，包括那些不大看得到的地方，不要留下劣质次品的印象。消费者-客户需要去触摸、去看。购买通常根据第一感觉。

没有信任，就不会有舒服的感觉。产品应该自第一眼起就让人幻想它有多么好。这就要求有透明度。文化符号是解读感受到的形象的关键，它们是符号、信号、象征，表达着产品让人想到的东西。它可以避免产品的平庸、呆板、无个性、黯淡等。每一个细节都很重要。然而产品的成功也具有偶然性，实际上，拥有自由选择权的消费者-客户经常是拿不定主意的、易变的。

新产品推出，失败的概率是相当大的。消费者会对大量的产品感到厌倦。他们希望被一些东西惊艳到。一个产品，在技术上创新或者使用质量好，都不能保证其在商业上的迅速成功。一个产品只是长得好看而没有实际使用质量也是卖不长久的。另一方面，设计开发"最好的产品"也是不够的，还需要它的质量在购买时有所体现。

要通过良好的触感，独特的、比别人多出来的一点点元素，将满足感传递给客户。产品要带来诱惑、魅力、吸引和质量保证。相反，一点点缺陷，比如缩水痕迹，就会改变一切，改变用户对质量的感受。质量感受不仅与产品的整体印象有关，还包括对令人不满的细节的感知。

为了能够被感知，一些新的使用功能、创新的外观应该通过一些符号和标识来体现（比如图 42 所示的产品）。消费者-客户希望在购买之后没有麻烦，希望一切都做得令人满意，乃至细节。人们希望所购买的"不是廉价物品，而是可以持久使用"。

产品看上去应该具备使用简便性。质量感受会引导客户产生一个满意度并在购买时形成一个整体评价。质量感受带来信任和期待。产品的一些标识能够从第一眼就把人吸引住，比如有吸引力的、令人喜欢的、有说服力的、给人以信心的标识。另外，不要忘记视觉传达的质量。在当今这个工作与生活节奏都很快的社会，购买变得凭直觉、易冲动和求简便，图像比语言更有说服力，即使它经常欺骗人。

用户希望在购买时不做错误选择，不会"受骗"，产品应该使用户和客户

▲ 图 42　银行机器人，贝斯特，2016

都达到满意。

## 技术检验

必须当心那些误导性的说法，比如质量检验、质量管理、总体质量、质量手段、质量系统等。技术检验是在投产之前，在所有的生产步骤过程中，直至可销售的成品，对于"一致性"的检验，也就是检验产品是否符合规范标准、安全要求、特别是由设计团队先前定义的性能，即技术要求说明书中定义的技术规格。

　　这里的"质量检验"与产品使用质量没有直接关系，它仅仅检查产品与事先制定的技术规格要求是否一致，它不能预判任何的"质量"情况，它只是一个"严肃"生产的保证，甚至在某些情况下只是不生产假冒伪劣产品的保证。它最终会致使否决一个产品或进行部分修改。

# 第九步
## 参与商业推广

自设计阶段，就要想到产品的销售流通和商业推广。产品应该是"引人注目的"，无论如何也要与竞争产品有所不同。想要完全抛开中间商和分销商是不现实的，即便是在互联网时代。放在商店、展会中展示，可以让产品的曝光率更高。

## 产品、视觉识别和品牌形象

### 产品展示和演示

产品应该配有一个使用指南（商业上是必需的，然而如果产品的安装和使用方便性都令人满意的话就几乎是没用的）、商品销售说明书、产品-项目卡、比较表、说明书、包装、相关标签等。

同时必须考虑复杂的用户链：推荐人、经销商、销售人员、购买者、安装者、维修者、回收者等，所有类型的用户和客户的实际需求都是无法回避的。应该了解薄弱的和强大的环节以便更好地进行设计。在任何情况下，不要去评判而要去解释。创新的商业模式、新的销售方式都会导致设计、包装和推广的改变。

### 视觉识别标准

正确认识品牌和产品，以及品牌个性，是设计图形和色彩的视觉识别标准基础。

一个视觉识别系统不应该只参考企业的徽标。企业并不总是靠一个徽标传递强大的品牌形象。只是管理者们喜欢徽标，因为徽标的图像总是能吸引人们的注意力。拨给徽标设计的预算经常超过拨给产品设计的预算。徽标是用来展现企业活动、加强品牌形象的一个象征符号。它源自对多种视觉元素和非物质元素的感知。

徽标应该使人从远处就能看到，同时做在小的产品上也能看得很清楚，可以是彩色或者黑白，应该在生产中容易实现，最好是让所有人都能理解。它还可以放在多种载体上，比如名片、塑料、包装或者屏幕上。它并不一定总是二维的，可以做出起伏和立体的感觉。

在网站上，徽标可以做成动画的。一个徽标不是由一个领导或者助理铅笔画几下就能创作出来的。同样，一个在网上"淘"回来的徽标，如果与企业身份无关，那么也会危害企业的贸易效率和企业形象。

徽标更换过于频繁（经常与企业领导的更换有关）可能会扰乱品牌的识别度。但是，徽标的更新也是不可避免的（见图43所示瓦伦丁品牌徽标的演变），因为文化是在不断发展的。徽标不仅仅是一个交流的工具，同时也是企业的资产。

▲  图43  瓦伦丁品牌徽标的演变

▲　图 44　一个产品应该明显有别于其竞争产品

为确保图形规范得到遵守，视觉识别规范工作应该由一个人或者一个部门来负责，专门对任何个人超出范围的自行发挥进行"军事化"的严格监督和管理。

从视觉上，一个产品应该明显有别于其竞争产品，如图 44 所示。

### 品牌形象

产品，通过其外观、价格、使用质量、用户感受到的质量，来树立企业品牌形象。品牌形象也与声音识别相关，如产品的噪声、广告、销售地点的场景声音等。品牌形象要确保所有成分之间的一致性。

领导们经常太过于把企业运营看作是机器、工序、原材料、投资、进账、交货期、销售业绩曲线、营业额等，他们很少把时间、资源和力气放在企业可视形象上。对于消费者-客户来说，他们通过企业可视的外部因素来认识企业。必须要避免企业真实的形象和期望展现的自身形象，与大众对企业的感知形象之间的差距。

要知道视觉识别系统通常只参考企业的外部美观层面的因素，对于企业经营品牌的"外衣"——产品，却不够关注，然而产品才能真正展现品牌的个性。经营产品当然比把徽标做在产品上或者网站上要难，但是也更重要。就像产品设计一样，在产品标准设计任务书中的市场定位是所有图形、色彩研究和探寻设计方向的基础，这个标准设计任务书是图形设计和视觉识别设计的指南。

产品上的徽标不应该难以辨识，特别是与文化特色有关的内容，徽标应该能被不同文化背景下的国家所理解。一些文字标志，哪怕是英文的，也是不可取的。一个不够明确的徽标会让人以为是一个纯粹的象征性符号。

## 产品信息

令人难以理解的技术术语或者广告性的语言，应该尽量用使用方面的信息来代替。通过广告、销售场地上的介绍、说明书和使用指南、标签、包装等途径显示的产品信息，应该被看作是产品的一部分。因为这也是包含在设计过程中的一部分。这部分信息内容显然有助于用户了解真实的使用质量。

## 包装及使用说明

包装系统的设计不仅仅是要美观，还要有利于在销售场所里展示产品的信息，增加人们对产品的理解（比如图45所示的包装，就很好地展示了产品信息）。

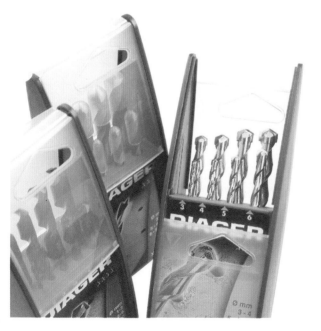

▲ 图45 钻头包装，帝爵，1996

这里强调一下，广告公司通常会花更多的力气在品牌形象宣传上，而不会真正研究信息的使用及理解。这就需要把包装系统看作是一个真实的产品，分析在产品销售场所，特别是在自助产品销售场所，人们对于产品使用的理解有什么难点。

## 总体分析

对于包装性能和包装要求的总体分析应包含以下内容：

- 对于设计的建议。
- 一般因素和深层次的需求分析。
- 对于用户-购买者不满意之处和具体期望的非正式调查。
- 在几家商店中进行购买（模拟）预测试。
- 拟定设计时需满足的性能和需求。

在对主要因素进行讨论选择和权衡之后，这个分析将是制定设计要求说明书的基础。

要注意这个分析与建议可以代替测试，而且效果更好。测试开展起来工作量更大，但在设计的具体使用上却效果不好。

## 相关标志的可理解性

包装是产品竞争力非常重要的一个方面。当产品说明和使用指南以抽象的象征符号形式（箭头、图形、警示符号）或图标形式出现时，它们的尺寸、清晰度（外观没有涂抹）和对比度应该要避免信息之间的混淆或者非有效区分（要靠得很近才能辨认清楚）。

在包装上特别是在说明书上的文字说明语言，应从用户-操作者的角度考虑。而且还要意识到多种语言的说明会降低用户获取所需说明信息的快速性和方便性。相邻的、混在一起的信息不易读取，甚至会导致用户放弃对于信息的获取（不理解或厌烦）。

还未进入日常语言中或者没有被收录在常用词典中的医学的或者泛医药行业的专业术语，如果不能被立即"翻译"成大家都懂的、清楚的语言，无论如何都不应该使用。

出现的抽象或比喻符号（图标）不应该有歧义的演绎，以免造成用户不知所措或是理解完全相反。一个图画文字符号指代一个对象或者一个特别的因素，通常都与一个地点、一个装置或一个特别操作相关联。仅是单独一个符号，并不能表示要遵守的操作模式中必要的一个程序、警告或者控制点。对于图标的含义无法迅速理解会造成用户无视或者不在意。

在可能的情况下，要避免使用具有特别含义的常规抽象标志或者语言符号，即使在产品附件里（包装、说明书）附有图例表。与其用一些必然引起理解分歧的缩写，最好用清晰的语言去表达必要和充分的引导。

重要的是，包装上出现的所有指示符号都应该慎重而有分寸地使用，并且排除一切外形相似的、无用的、不合理的、多余的、干扰的元素（引起混淆的源头），以防万一。尽管这很明显，但是仍要提醒大家，包装上所提供的指示符号，从那些预期功能服务的用户、使用者或者受益人的角度来看，必须能够合理、准确地说明问题，如图 46 所示的安利洗护用品的包装。

▲　图 46　洗护用品，安利，2005

## 使用说明：容易理解

如果产品、产品的任何一个命令或控制装置不足够简单明了，最好能有一种方式帮助用户使用。然而说明书并不能作为操作不够简易的理由，说明书的作用就是帮助用户去理解的说法都是托词。

让说明书内容简单易理解的基本条件是其说明无多余赘述，恰当中肯、明了易懂。在可能的范围内，帮助使用的方式最好直接在机器上可见，在操作和控制系统部件的同时可通过简单、快速地浏览找到针对故障或不良现象的唯一的恰当指示。

如果在理解如何使用产品方面不够简易，那么与产品结合在一起的（甚至一直与产品融合在一起，成为产品的一部分）帮助理解的方式就变得很重要，必须满足与产品本身同样的识别简单、明了易懂、避免混淆的要求。然而，一个设计得再好的说明书也只是一个补救措施，它并不能让整个控制部件使用起来更方便。

一个说明书的结构、内容和表达方式应该对应这个说明书的不同使用场景：初次使用机器、最少功能的使用或整体使用、某项功能不理解时的协助、卡住时的紧急帮助等。

无论哪种情况，操作者需要的都是快速找到他所关心的问题的答案，排除所有他不感兴趣的标志、解释或者介绍。因此可以有不同的帮助理解的方式存在，好的说明书应该不只是一个通用意义上的、无法选择的、唯一的说明书。图 47 所示的冰箱上的图示也是说明书的一种。

作为补救措施，说明书中解释的内容理论上用户不需考虑，虽然它们与启动和控制系统（按键、信息、理解的顺序）密切相关，但这些内容就像能够在系统上被直接读取的信息一样，说的是用户在面对系统和面对可能碰到的困难时要采取的操作方法。

一个理解困难、感觉复杂的使用说明书，只能说明系统在使用上的复杂性。因为要使用户明白一个难以使用的东西或者一个完全缺乏明显性的东西是很难的，比理解那些一下子就能从系统上获取到的信息要难。

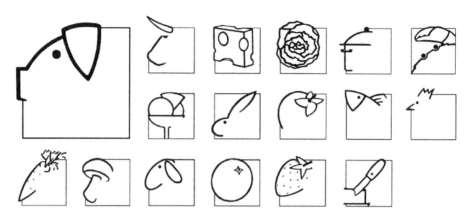

▲　图 47　冰箱上的图示，大宇电子，1991

## 示例：安装/使用说明

对功能/客户和用户的要求：

－ 不要在不好的条件下或者以异常的方式进行安装、使用（表达形式：避免或不要做）。

－ 必要情况下，补救事态以防止预期服务情况变差，服务停止，通过自己或者售后服务排除故障，试图自行摆脱困境。

－ 要注意什么是可以尝试去做的，什么是尤其不能做的，失败的时候不再继续，采取预防措施，避免情况恶化，或者避免将自己暴露在事故风险之中。

－ 如何联系售后服务，了解保修方式。

－ 减少由于某些理解上和使用上的问题而带来的不满，通过限制次数，甚至通过对一些明显的故障或者不严重的故障不予保修的方法减少由于某些售后服务而带来的不满（延迟、等待等）。

－ 提高客户的整体满意度，通过服务体现品牌形象。

－ 更多地了解使用不当或者不正常使用的情况。

使用指南的要求：

－ 在需要的时间和地点出现。

－ 容易获取。

－ 可简单、迅速地查找、阅读和理解。

　　— 确保（用户）可获取和正确识别。

说明书内容的性质：

　　— 关于功能、设备、配件的日常词汇列表。

　　— 明确标示使用这样或那样的配件产品是否必要。

　　— 安全提示，提醒怎样做符合安全规定和法律规定；为避免由于不必要的担心或者不了解某些使用可能性而造成的"使用不足"和"使用过度"而给予的一些建议。

　　— 对增加某些可能提高使用舒适度、增加使用可能性、减少不适或减少使用成本的附加装置的建议。

　　— 关于保修的建议。

内容的结构最终要符合客户-用户在求助于指南时可能会有的各种不同的关注点：

　　— 首次使用。

　　— 当面对明显的缺陷或故障时。

　　— 在使用和预防措施方面，确认或明确一些知道但是不确定或者听说的情况。

　　— 由于"好奇"或担心"做不好"而要了解的情况。

　　— 了解保修条件和申请售后服务时要遵循的程序。

　　如果产品能够被简单安全地使用而不需要说明书的话自然是更好。由于商业销售原因或者法规原因，产品都会配有一份说明书。但不能认为"说明书的作用就是帮助使用者理解产品"，以此来为产品难以被理解辩护。

　　并不是只要提供了一份使用说明书，它就能在适当的时候发挥它应有的作用。时间一长，它的可用性和易获取性就非常不确定了（丢失、损坏、放在别处或者忘记放哪里）。

　　虽然说明书上的信息易懂，且对于理解操作方式和使用安全来说极为重要，但还必须注意以下方面：

　　— 在限制条件下（姿势、双手都不自由、清晰度不够等）伴随操作时查阅帮助信息的便利性。

　　— 能及时、快速、安全地获取恰当的帮助（无须浏览不必要的、为修补产品显著性不足而编写的内容）。

－ 如果一份说明书对于理解该如何操作，或者确认如何才能做得好是必不可少的，实际上该说明书就成为了整个产品系统的一部分。那么，它就应该跟整个系统其余的部分一样，满足同样的使用方便性和安全性的要求。

一个说明书不应该被看成是一个与所见系统硬件和具体操作无关的、单独的理解手段。作为补救措施，补充的信息应该与需要说明书的严重性（比如操作者碰到的"困难"）相匹配。

说明书的内容结构、表达方式、图形和文字信息内容等都应该分别适合首次使用情况（使用入门）、及时的提醒和帮助（忘记的情况）以及严重的情况（要补救的情况）。

提供的信息元素应该从使用角度，根据实用的、具体的方法来表达（而不是技术的或者工具性的语言）。信息元素数量应必要而充足（不过于繁杂），恰当（与实际会遇到的情况相符）和通俗易懂是说明书易于理解的基本条件。

## 销售地点的展示

卖场展示（PLV）可以在商店中突出产品和品牌价值。这是在购买行为中，存在于产品和消费者-顾客之间的最后一个沟通环节。卖场展示在自助销售中扮演着决定性的角色。很多购买决定都是在销售地点产生的。包装或者徽标是大多数产品的首要识别元素。

卖场展示的目的是为了增进经销商和产品之间的互动。展示方式不仅包括视觉上的，也同时有音频、视频、触屏、展台展示和讲解演示。卖场展示应该与产品类型、形象和品牌视觉识别规范相符。

在销售地点展示时应包括以下几点：

－ 视觉上的可查找性（产品的可见度、客户信息、品牌形象和视觉外观、产品系列形象、客户兴趣的吸引和保持。

－ 使用简单性、方便性和安全性（产品的拿走和放回；展示柜、产品和周围物品的稳定性；偷盗和物品损坏风险；提供试用；提供信息阅读；提供商品订购和支付结算）。

－ 展示柜安装的方便性（易拆装、水平占地小；放置的简单性、稳定性；清洁维护的方便性和安全性；放置新品和物品替换的方便性）。

## 商业说明和目录

它们应该遵守品牌的视觉识别规范，主要包括两种因素：

环境因素包括：竞争环境，技术开发情况，未来工艺，宣传技术情况和未来的可能性，载体格式和显示、复制方式，传播途径的限制类型。

视觉传播因素：包括信息的性质和特点，信息的持久性和动态性，信息处理的内容和形式，信息的新颖和独特程度，与信息接收人的适合度和响应度，信息形式和内容的易懂性，传播载体和传播途径类型，信息的功能性分类，企业识别，企业所提供的产品和服务的识别度，客户开发文件，广告信息，持续或临时性展览（展会），使用和售后服务说明书，产品包装，目录单和价格表，公司宣传册（品牌形象），信息的有效时间。

## 网站

网站建设用于推广品牌和产品。

一个网站可以是几页简单的介绍，也可以设计成一个多媒体。目前世界上大部分沟通交流都是在线上进行的，企业应拥有自己的网站，以便接触到那些可能从来没有机会见面沟通的人。

品牌应该考虑消费者的经济能力，瞄准一定的人群宣传——向其宣传产品，传达到目标客户和用户整体。在对网站竞争分析之后，要建立一个设计要求书，内容包括网站内容、浏览类型、预期的信息、网站视觉识别等。

网站设计和制作就是设计一个人机交互界面，为文本内容建立页面结构，定义信息树和制定合适的图文应用标准。要注意网站优化、网站在搜索引擎上的可见度，从而提高浏览量。继网站内容更新和优化之后，不要低估必要的网站维护工作所带来的影响。

## 展会展台

办展会的目的是吸引来访者到展台，赢得来访者的喜爱，使人们认识新的客户或者维护客户关系，提升企业价值。图 48 所示为广交会上的产品展台。对于未来的客户，感情因素可以使他们放松，促使他们向前踏出会面交流的一步。视觉外观和方便性，无论是对于展台的搭建商，还是对于来访者和企业工作人员来说，都是成功的重要因素。

▲ 图 48 广交会上的产品展台，中国

# 第十步

# 使用反馈

客户们在使用产品的最初几个月碰到的问题数量多少，直接决定了产品形象。

产品设计师们希望得到更多的理解和尊重，换句话说，就是希望更加被认可。当人们说起创新，大多数人脑海里浮现的都是广告中的那些"美丽的故事"。摆在那里的成功，会使追名逐利的人做梦。然而人们总是忘记创新的另一面，不那么吸引人的一面——失败，它比成功更经常出现。那些耀眼明星的故事仅仅是些例外，数以百万计的项目中仅有几个在媒体炒作下成功。10 个始创项目中有 9 个会失败是大家公认的。

因此需要跟踪产品的演变，通过实际使用测试和用户-客户们的使用反馈来对市场上的不同类型产品和新产品的演变进行跟踪。市场营销人员更加贴近消费者-客户，他们的意见在售中和售后都非常重要。不过，使用质量和环境质量仍然是产品成功的基础。

示例：大型儿童玩具运输车（Triambul，见图 49）
　　　的实际使用测试

地点：里昂的一所幼儿园

● 四岁半的孩子——好玩的发现

可以观察到一大堆孩子，几乎整个班级的人（25 个孩子）都围在这个奇怪的"拖拉机"或"汽车"周围。第一批到的人一下子就爬上去，等着看会发生什么，其他人正在努力推、拉、争着有一个全方位的"位置"。

大家都以无序的方式运动，其力量产生的合力推动着车子向不定的方向运动；这是一群忘记了路上会有障碍物的孩子；其中一个孩子自己撞到了一棵树上，另一个孩子被卡在"过载"的玩具和一张长凳之间，还有一个被"挤在"在孩子堆和围栏（铁丝网）之中而无法从部分失控的集体动作中反抗挣脱。

斜坡不可控地把全体"拽"向底部，车子行进的过程几乎造成灾祸：朝下翻倒在一个沙坑上，与固定设施迎面相撞（金属柱廊、木结构）；突然停止或因为轮子被车辙卡住而打转；一个孩子在草地上被拖拽而他也不愿意撒手失去"位置"（要避免在硬地面上，比如柏油路面，出现此种危险）。

有些孩子因没有脚蹬、方向盘或者操纵杆而失望，就坐在车子上，死活不下来，一心等着其他孩子做些什么。在车子上享受被推的座位总是比那些需要推或拉的位置更抢手；前面或后面没有区别，只需根据路线变换角色。随着路径的随机变化、由于不对称用力集中引起的非主动的旋转、倾斜地面或者某些参与者的相反动作，拉的人可以快速变为推的人。第一反应一般是拉而不是推，然而有了经验之后，孩子们迅速意识到推车会更加有效率。

扮演"发动机"角色的人数过少时车子的过载会造成停机，此时队伍会停一会，没有人愿意下来丢掉自己的位子，这时就会有矛盾，"被运载者"命令"发动者"动起来，而后者就会抱怨其他人的态度。

因车辙卡住而停下时，会出现同样的情况，因为推的人会反对。有些孩子尝试去拿轮子，全手握住尝试拉出来，尽管车子已经过载（在车子前叉处，或者在轮子和玩具之间手指有被夹到的危险）。

●4岁或更小的孩子

他们对玩具的发现比4岁半的孩子腼腆很多，2到3个孩子会开始去使用，2个坐着，其中1人牵拉向前（更常规的使用）。4到5岁的孩子同时参与时会由于力量关系而产生冲突（身体力量、性格力量和所属年龄段班级的力量），如果没有监护时，就容易打架。

另外，在8到10人参与的团队中，经常会出现其中一个人顺着队伍移动的方向被推到、滑倒或失去平衡，然后他的衣服一部分在玩具下面、后面、侧面或者在轮子位置被卡住（这种情况多出现在地面略微倾斜的草地上）。

参与人数过多会引起路线控制困难，控制行进路线不可否认是游戏的一方面。有些孩子又推又拉，往四面八方用力，造成了原地旋转（像一个橄榄球抢球混战），特别是上坡时容易出现这种情况。

不过，扮演"发动机"角色的参与者用力协调时会给所有人带来集体合作的快乐、驾驶汽车的快乐以及驾驶汽车向上爬或者驾驶汽车通过拥堵区域的快乐。

最初的好奇已经过去，幼儿园 5 至 6 个班级的孩子中的很多孩子对于参与人数过多的游戏不感兴趣，因为只有一个玩具运输车，那些最顽皮的和最强壮的孩子，无论男孩还是女孩，总想要独占玩具。

- 整理收纳

整理收纳也是游戏的一个延伸。有些孩子希望有这种特权。这种玩具车很轻易地就可以被两个 4 岁半的孩子抬起，尽管这不是必需的。当跨跃小台阶，或穿过一个比车体宽度要窄的门（从理论上说，"像螃蟹一样"横着通过可能会行不通，这要等孩子们自己发现）时，Y 字形外形比它的整体尺寸要节省空间。

- 幼儿园老师们的决定

根据孩子们超人数的实际使用情况，鉴于教师们和辅导员们愉快的试用和一些人的迟疑，最终形成一个共同决议，不在课间休息时把玩具运输车让孩子们自由玩耍，因为在课间休息时有 150 名左右 4 到 5 岁的孩子相互挨近、玩耍、蹦跳嬉戏，而这时并不是全体老师都在专注地看护孩子们。

相反，大多数老师都计划在体育锻炼和精神运动课上大范围使用（20 到 25 个孩子配备一名教师）这种玩具运输车。这些游戏教学应用场景也将反映出其他一些更加特定的观察能力。

- 禁忌和说明

应避免用非硬质屏障（轮胎、网绳等）部分隔绝固定在斜坡地面上的物体。

禁止在有反复斜坡起伏的坚硬表面，如混凝土、沥青等上使用；优选不规则斜坡的地面，可以带有草地、一层小石子或装有减速带（比如公路路面上那种），在可能的情况下，最好是有很少固定障碍物的空旷斜坡。

在坚硬地面玩耍时，避免多于 4 个孩子参加游戏，避免由于参加人数过多而发生道路事故。

▲ 图 49 大型儿童玩具运输车（Triambul）

# 专业术语汇编

### 使用功能分析

根据目标使用要求和使用性能，基于使用场景的多样性，提供恰当的信息，来制定新产品设计使用功能标准。

设计师使用的使用功能分析或使用价值分析不能与技术功能价值分析混为一谈。技术功能价值分析鲜有涉及产品使用、销售和技术方面的问题。尽管二者的分析方法看上去十分相近，但使用功能分析的目标完全不同，对技术功能价值分析的目标具有补充意义。

### 技术功能价值分析

技术功能价值分析旨在降低成本，应该仅仅涉及产品的各项工具功能，不触及使用功能及外观。

技术人员更多关注"设备如何运行"，而不是"运行的作用"。因此，技术人员的任务与使用、使用质量、使用功能、操作功能、服务功能无关，然而这些都是设计要求与性能的基础。

### 产品寿命周期分析

产品寿命周期分析（以下简称 ACV）与可持续开发相

关。目的在于建立环境评估并且降低从提取原材料到被淘汰，即产品寿命周期每个阶段对环境产生的影响。

其实这就是"产品功能"研究，这个定义有些模糊，大家经常以为是"技术"功能分析，并且仅能比较同类产品。

产品寿命周期分析在设计要求和市场要求方面都是一带而过。为了塑造一个严肃、甚至是科学的形象，此项"技术"分析几乎不涉及使用质量与审美，甚至是使用寿命和使用数量。设计师们几乎从不使用目前的产品寿命周期分析软件。

尽管从业人数很少，但这些科研人员完成的产品对环境的影响研究仍然很有价值，例如不可再生资源的枯竭、能源消耗、健康、气候变化、温室效应、气候变暖、大气酸化、臭氧层破坏、有毒物质、土壤和水污染、交通、垃圾问题等。

但有些污染是很难评估的，产品寿命周期分析暂不考虑噪声污染、视觉污染、嗅觉污染等因素。

由于很难获取所有数据，所以只能依靠大致估计。这些不确定因素导致产品寿命周期分析对设计的影响微乎其微，无助于选择具体的设计方案。

## 适用性

适用性这个概念有些模棱两可，一个产品不可能适用于所有人，哪怕是最佳产品。

一个产品的适用性与使用条件、用户特点和他们的需求有关。适用性并不是指绝对意义的质量，它与质量认证或者质量标签的定义恰恰相反。实际上，它仅能说明产品能够提供的最低限度的服务和安全性。适用性首先考虑的是技术方面的东西，产品被视作"机器"，在正常或者常规条件下，可以运行或者基本运行，不会产生事故。目前，适用性是根据技术和销售两个标准来定义的。

## 原型

原型的概念来源于心理学的无意识，植根于具有共同历史或共同文化的某一群体的集体无意识中的个人无意识。除了充当行为模式的象征表现外，我们每个人对于可感知的事物，甚至是非常模糊的事物都有一种想象中的表现形式。这些图像原型在造型认识和评价方面扮演着参考标准的角色（在出现新范例之前，这是最理想的标准）。

产品原型成为口头描述、书面描述、构思、表现或设计过程的目标时，在没有此类产品或其他想象中的表现形式的前提下，要在被看见的第一眼就符合想象中的形象。

从文化的观点来看，原型主要源自以下几个方面：

– 人自童年时代起对所有产品形成的总体的最初印象。

– 在过去或近期被观察过、操作过和使用过的实际产品（待更新产品的形象更有意义）。

– 大众信息工具（电视播放、广告牌、新闻媒体、橱窗）传播的形象。

– 在自己身边可以看到的或出现的大量产品。

## 头脑风暴

"集思广益"是指把众人的力量团结起来，激励他们尽量多出点子，不要在一开始就指指点点。

## 功能标准

### 使用功能标准

使用功能标准是构成所有设计师工作语言和共同关注的问题的操作基础。在使用功能说明中描述所有必须满足的因素和使用要求，是设计过程中不可缺少的一步。对寻找解决方案、评估可能的使用功能来说是一个坚实的基础。

使用功能标准不能与技术标准或营销标准混淆起来，因为它既不能预知解决方法，也不能预知生产产品需要的技术手段。它为创造和创新留出了自由空间（米歇尔·于连）。

## 技术标准

技术标准是指与企业生产设备、机器性能、零部件和模具生产技术、可用材料、加工和装配方法等有关的标准。

## 市场营销标准

它包括以下方面：

- 企业战略和发展规划。
- 企业知名度与形象。
- 产品策略。
- 竞争（品牌和产品、领导者）和未来产品定位。
- 产品系列的质量和数量。
- 创新水平和方向。
- 预期的效果。
- 视觉质量要求。
- 做领导者还是追随者。
- 看起来相似却不同的产品。
- 当前不足之处。
- 使用寿命。
- 市场形态和数量（出口）。
- 征服大众市场还是瞄准另类市场。
- 客户与中间商（大采购商）的要求。
- 参考论据。
- 分配与工业物流。
- 售后服务。
- 广告定位。
- 节能、生态、使用简便、外观的重要性。
- 大众预期价格。

## 创造力

指在既定限制条件和背景下，获取新创意的能力，限制条件和背景包括工具、材料、成本、用途、环境、期限等。可以说创造力就是在既定范围内的想象力。

这个思想过程要经过好几个阶段，由无意识的外界元素引发，包括灵感（想象）和概念（概念化）。从心理学角度看，概念化代表想法成型和创意连续产生。

所有人，自童年时代起，都拥有这种或那种创造欲望。创造的欲望人人都有。激发创造欲望比较容易，难的是如何不扼杀这种欲望。创造欲望的产生与发展，必将导致创造力的发展，认知神经科学与情感神经科学能够解读这些过程。

对于设计师来说，要在"换位思考"的基础上做到有创造力，就必须通过理解用户的行为、情绪和对产品的要求达到某种程度上的情感同化。这是一种创造性思维的艺术，一种解决用户问题的新方法。这是以意料之外的方式，设计师没有考虑过的方式来研究解决问题的办法。这同样也是克服困难的行动。总之，这是针对问题找到新颖的、独创的、恰当的解决方法的能力。

## 产品设计

"产品设计，需借助具体、连贯的思想概念才能达成目标，它首先是指将满足使用要求和使用环境的某一产品或某一物质体系的外观"概念化"，然后具体化。产品或物质体系的外观还要满足销售需求和售后服务的需求、符合生产的限制条件（制造、存储、运输）"（米歇尔·于连 1978）。

## 设计理念

设计理念指的是设计的思维活动，也就是设计思想。

非专业人士动不动就谈"设计理念"。管理层更是把他们奉为灵丹妙药，据说能带来新知识、新方法和新设计。

培训学校的管理者也刚刚发现这个新"学科"的新思潮！据说，应该把这个设计方法应用到几乎所有领域。但是"设计理念"、"设计一切"的设计仍然需要工作勤奋的设计师！

## 可持续发展

"可持续发展"这个概念很时髦，但也很模糊。它既可以指社会发展，也可指经济发展。

正因为这个词含义不确切，才能让所有人满意！

所谓的"发展"应该是可持久继续或持久扩大的"发展"；"可持续"这个形容词是考虑到当前的过度发展，以及自然资源的减少、污染物、温室效应气体等才提出来的。既然是可持续的，就不会产生任何负面影响，所以是可以在全球传播的无条件模式！

"理想的发展"这个词更好，这样就能将环境和经济的发展要求整合起来，把人类社会需求和使用要求整合起来。

## 生态设计

生态设计是指在产品设计过程中，在考虑产品使用寿命周期的基础上，即从选材、耗能、污染，直到产品报废和再循环使用等角度出发，尊重环境方面的要求。企业面临的风险是很多的，例如企业形象、市场分化、经济效益等。

生态设计可以在产品的使用寿命周期内更好地控制风险与成本，预知客户的新需求，更加尊重环境，找到产品创新思路。

生态设计虽然看起来得到了广泛赞同，但真正实施还是有局限的，特别是很少有人承认工业设计在考虑生态问题方面已经做出的贡献。如果在产品设计中加入环保因素，就能防患于未然，就能更好地考虑环境的要求，工业设计必须有生态观念，在保留或改进产品使用质量的时候，必须要考虑这些要求。

## 人体工程学

人体工程学这个词被广泛使用（比如设计），有时作为名词，有时作为形容词。据说，有什么"人体工程学"椅子，就是"很有设计感"的椅子。甚至是没有经过任何培训的工程师，随便玩玩常识，就突然变成人体工程学家了！

物理人体工程学涉及解剖学、人体测量学、生理学和生物力学等，研究内容包括工作姿势、操作产品、重复运动、噪声、肌肉-骨骼紊乱、舒适度、操作者的安全和健康等。

认知人体工程学（神经-人体工程学）研究的是与操作活动有关的思想进程，如感觉、理解、记忆、推理、语言等。

总之，人体工程学基本上就是"人机"关系，那么设计师要关心的就是在使用时"用户、产品、环境"三者之间的关系问题。

## 可靠性

指在某些条件下，在既定时间内，某一装置完成某项工具功能的能力。这是对产品故障的统计研究。

不要和耐用性（使用时间长，结实）、使用寿命等混淆。

## 功能

功能的概念在很多领域被广泛使用，实际上这个概念的意义十分模糊。我们所说的功能是指"借助完成的一整套行为来达到一个目标或满足一项要求的性能行为。"

"功能"这个词，人人都在用，意义却不清楚：它是指使用功能，还是工具功能？

设计师应该以严谨的态度明确说明设计史家所谓的"功能主义"的基本元素。所有想要借助半个世纪以来的著作清晰描绘"功能主义理论"的尝试，都因为没能给出"功能"的明确定义，其结果只能是无功而返。

包豪斯设计学院或法国国立高等装饰艺术学院对目标（经常被曲解）的解释都明显不够严谨。那句著名的口号"造型跟着功能走"，只要提到功能主义或设计时就被翻来覆去地说。其过于简单化、过于轻率的解释令人恼火。

对于设计师，使用功能标准包括：

－资金方面（采购价格、安装费、保养费、维修费、使用成本、总成本等）。

－ 人体工程学方面（总体操作、使用时的必要操作、保养、维修）。

－ 危害（噪声、气味、震动、寄生虫、温室气体、垃圾、回收再利用的便易程度等）。

－ 服务（基本功能、补充功能、附加功能、教育功能、趣味功能等）。

## 想象

指不受约束、没有明确目标的想法，是胡思乱想、瞎扯、胡说八道……想象是个体行为，不受技术条件或者潜在市场的限制。想象，是年轻人不满现实的创造。想象，是思考新东西，不受可行性和成本的制约。想象可以不顾"功能的严苛要求"，只考虑某一产品的单一用途或者一个问题的解决方式。

想象，作为一种认知活动，就是将各种经验联系起来，创造出新点子。想象是激情的同谋，是记忆的回音，是改变现有产品或创造新规则的能力。

想象都是或多或少地从现有产品出发，方向是创造新产品。想象可以为各种思路、各种造型或各种功能提供方案，并回答出现的设计问题。

## 创新

人人都在说创新，创新到底是什么？

创新同时代表了过程和过程导致的结果。一个新事物不一定代表一种创新。创新意味着改善、变化和进步的想法。创新，就是将一个想法发展并具体落实，直至做出产品。

创新不会从天而降。它来自于发明创造、研发活动或设计师的工作。

为了激发企业的创新能力，当务之急是要发展创新各层面的关联性和互补性，以及企业能够创新的各种功能。

## 使用创新

使用创新的作用至关重要，但它对经济的影响没有得到重视。一份使用场景分析会成为打乱设计的基本因素。使用创新可以简化产品使用方式，改善服务和操作功能。使用创新还能方便理解、操作并带来其他服务。在严重经济危机时期，使用创新能够起到杠杆作用，避免推动价格竞争。

## 审美创新

企业经常只要求设计者进行审美方面的创新。视觉质量是优先考虑的因素。

## 市场营销手段创新

市场营销手段的创新经常就是要求有独特功能和新功能，特别是在中国。当前创新的方法和资源已经落伍了。举例来说，市场营销手段创新的思路，可以是在赢得消费者信任的前提下，发展社会网络共享。市场营销手段创新的主要领域是信息交流、新销售网络、包装、绿色产业等。创新的目的是减少阻碍消费的因素，满足新消费方式的需求，比如拼车、拼用割草机、合租等，网络在市场创新方面贡献最大。

## 技术创新

这个方面可以举例来说，大多数手机、平板电脑、GPS、游戏机、电脑等物品的发展，都是由包括触屏在内的技术创新而来。技术人员的成功秘诀在于去除了鼠标、键盘或是手写笔。但是这些设备对于有视觉障碍的人来说，却是不方便使用的。因为这些触屏没有触摸参照物（没有触摸式盲文）。一些创新，比如在屏幕上设计一些凸起的柔软的小泡泡，正在研究当中。总体来说，为了提高竞争力，我们需要的不仅仅是技术、审美或销售方面的创新，而是更加可靠的创新。

## 发明

一个创造性的想法开始时是模糊的，直到变成精确的设计图样、外观模型和样机，就变成了一种发明创造。如果说想象和创造都属于智力过程，那么发明就是把想法变成有形的和技术的现实的过程。发明是指以前不存在的东西。发明是实验性产品或装置。有些发明申请了发明专利保护。

## 外观模型

外观模型是最贴近未来产品面目的"模型"。外观模型应该达到近乎完美的视觉效果，但是不能运转。

## 最好的产品：完美只是神话

我们可以想象设计出一种万能产品吗？它独一无二、能完全满足所有要求，被所有人认为是最佳产品？

这当然是个幻想。我们这里谈的不是设计什么独家定制的东西，而是设计工业化、大批量生产的日用品、商品、物质产品。一个产品必须适合一大批未来用户和客户的需求，但极有可能存在某种程度的不完美。

在产业链最末端的消费环节，在可能出现的产品中，"最佳选择"只能是出自每个用户根据自身的使用要求和功能之外的期待（审美功能或象征功能）。困难在于设计产品外观时如何进行妥协性的选择，而最终的产品证明，对大多数用户和客户来说，这些选择是最佳选择。

## 物联网

这些"新技术"并不具有根本意义的革命性。但它们既迷人又可怕。某些所谓的"智能"技术带给用户的恰恰是让用户担忧的前景。很多技术人员认为新技术是改进产品的坦途。新技术大量涌入，会影响用户的自主性和自由度，也容易遭到排斥，尤其是上岁数的人的排斥。它们会改变用户对待产品的态度，监视用户的行为。某些用户的"诠释者"认为这些改变会受到用户的欢迎，因为用户无法犯错，几乎不可能操作不当。

"好"智能技术和"坏"智能技术的区别："好"智能技术是那些能够让用户更好地理解和做出决定的技术。"坏"智能技术是代替用户做决定，甚至禁止用户的某些行为的技术。然而设计者是为了客户的幸福寻求创意。

"智能产品会让我们变成傻瓜吗？"让用户幼稚化，甚至愚蠢化的趋势是令人担心的。没有一种产品能够被称为是"智能产品"。被称为产品互联网的物联网据说比现有物联系统更聪明、更主动，但它们只有在改善产品使用质量的前提下才能获得发展。

物联网提供的服务只是为了帮助用户更方便地解决在某些使用场景下遇到的某些问题。比如住宅自动化管理产品应该给某些残障人士带来舒适感和安全感。

智能手机和平板电脑的商业洪流、网络风暴，直到物联网的出现，这一切都只是由市场和媒体维护与支撑的市场自我中毒。如果说住宅自动化管理技术由于太过技术化而遭遇某种程度的失败，那么就应该通过更加严肃的产品使用分析来吸取教训。

## 产品原型

产品原型可以部分地模仿或测试未来产品的技术功能。

快速成型机只是一个过渡性工具，由电脑根据电子数据制作的机器，是为制作产品原型或外观模型服务的。

快速成型机只会执行人的命令。人不能同电脑或 3 D 打印机讨论。

## 质量

这是个不太明确的词，因为对于质量每个人都有自己的定义。"质量"不是独立存在的，在不同领域代表着不同意义。我们只能评估各种复合"质量"，如使用质量、技术质量、商品质量等。

对于市场营销来说，"优质"产品一定是卖得好的产品，对于技术人员来说，"优质"产品是技术性能高的产品。提到"质量管理"，实际上简单来说就是"质量检测"，也就是技术指标规定下的"检测合格"。

总体质量、质量保证、质量措施、质量体系、质检员，这些词毫无意义，说明它们不清楚自己的目标。

## 符号学

符号学是研究社会文化行为和社会生活中的符号的科学。它涉及任何与设计有关的东西，包含所有产品传递出的符号和象征：外观、噪声、音乐、想法、造型、平面图案、商标、视觉标识、色彩、概念等。

## 使用

使用是指产品、用户和使用环境之间的关系和互动。使用应该被视为一种真实的存在，而不是一大堆无法感知的行为，使用是一些可观测、可描述和可复制的场景。

– 产品使用本身不是目的，它是在使用环境下由发生的某一事件导致的行为过程。

– 使用本质上是在空间和时间维度中进行的事情。

– 使用是一种社会文化行为。

（米歇尔·于连 1978）

## 用户

"任何个人，在其生活环境中，与一个日常用品发生联系，就应被看作是一个用户"。我们把用户按照以下分类划分：

用户－操作者：完成某些主动进行或被动接受的动作，这些动作是由日常物品使用方式引起的。他们与物品的某些部分进行即时或延迟的接触，他们要实施一些或复杂或简单的操作，有时候会遭受一些不如意的结果。这些操作构成的任务要求他们具备生物能源、心理感觉和精神智力方面的能力。用户-操作者需要工作，他们要做一些手势和采取一些姿势，根据他们从自身、物品或者环境中感受到的信息进行控制。在执行操作的过程中，他们与周围环境进行交流。两个"主要要素"是能量和信息。要在一定的空间和时间内进行感知、领会、预估、决策和行动。在这些用户-操作者中，我们进行以下区分：

　　－使用或者操作物体的全部或者部分，利用物品的主要使用功能的用户。比如一个插芹菜丝的家庭主妇、一个打电话的人、医院的医生或者护士等。

　　－介入目标但是跟物体提供的服务不发生关联的"类用户"，他们因其他目的，偶然或者违背意愿地操作，有时候会改变物体的初始用途。比如孩子玩榨汁器，母亲收纳玩具，售后服务部门的修理工、维护人员，搬家工人，小女孩挪动割草机来拉出她的三轮脚踏车等。

　　用户-受益者：消费、利用或者享受通过使用目标物体而得到的服务或结果。这些服务可以是被期待的、服从接受的或者违背意愿忍受的。比如那些吃插成丝的芹菜或者喝榨好的橙汁的人、病情倒退或恶化的病人、由救护车运送的伤者或者用囚车转送的囚犯都是用户-受益者。

　　对于用户-受益者来说，物体提供服务所产生的结果就像是对一项需求的一种回应，至少是对他们所感知、感受或者评判的一种回应。这个生物的、情感的或者社会层面的需求，以一种广义活动范围中要完成的行动的方式表达出来。这个活动本身在任何情况下都已经被认为是一种高级需求。

　　这些需求实际上是不断派生的必然结果，导致了有时候被视作是非常重要的当前需求，与生存、安全、生理和心理健康的基本需求之间有相当大的差距。

　　无论如何，受益者对所获得的结果或满意或不满意，取决于该结果是否回应了其需求。

　　消费－支付者用户：全部或者部分承担了与目标物体享受的获取相关的费用以及其递延费用。对于日常物品及其享受的获取基本上可以以财务方式表现（价格、租金、分摊、税费等），然而其他的成本因素在这个阶段也已经出现。甚至在正式的获取前，通过使用某些方法来得到相关信息和做出一个选择，用户－消费者就要花费金钱、时间和精力。这些成本也加在合同价格金额当中才是真正的获取成本。

对于一个榨汁机、割草机、火车上或者停车场的一个位置、高速公路进入权的获取者来说，除了必需的费用支付，还需要为随之而来的其他操作花费时间、花钱和精力：比如信息查询、排队、填表、支付方式以及出错时的情况等。

除非根据计量经济学的价值刻度表来量度，否则时间、空间和精力是不能用单纯的财务方式来计算的。的确，这些也是需要花钱的，因此应该是可以入账的，但是被考虑进去的价值只能反映出其真正重要性的其中一个方面。相反，金钱是有时间、空间和精力成本的。仅从财务角度是明显不足以了解实际成本的，特别是在当前社会经济价值扭曲和波动的情况下。

消费者主要是经济生物，除了资金预算，他们也会根据所拥有的有限资源——寿命、生存空间和能量物质，来对时间、空间和精力做出预算。

非受益者-用户：因别人对物品的使用而承受其后果的，没有任何服务预期的那些人。非受益者-用户同样暴露在日常物品带来的有害影响、意外风险或者任何性质的损害之中。例如，沉浸在附近使用割草机的噪声中或者超大电声音响声音中的邻居。再比如淹没在城市交通中的步行者或者沿河居民，在某些烟雾缭绕会议中的非吸烟者，生活在被我们的下水道污染的河流中的生物等。

相对于受益者的需求，非受益者-用户的需求不可避免地是以一种受限的形式来介入的。他们的需求更多是对所选择的使用方式的反对，万不得已时，反对受益者承认的需求。

真正用户：真正的用户让我们意识到，在现实生活中，这些不同类型的用户很少以这么界限分明的方式来存在。作为他们的特征的各个方面，实际上是由这种或那种使用情况下相对应的使用者的众多特点组合而成的。这些不同类型的使用者，通过赋予或多或少的重要性给他们某些需求，结合某些人为的、社会的、生态的或者经济的因素，参与到使用关系当中（米歇尔·于连，1978年）。

## 有用的

指可利用的、有益的、方便的、合算的、盈利的、经济的、有成果的、能够服务于某种事物的，因此与某种使用场景能联系起来，多么含糊的一个形容词啊！

产品的用途只能依赖某用户、某使用环境和某现有产品系统之间的具体关系来定义。用途具有偶然性，一个小小的技术障碍就会让产品的用途大打折扣。

## 使用行为

通常情况下，使用行为是一个重复的过程，从用户接触产品，想要获得期望中的服务开始。

使用行为周期包括获得、准备、实施、享受、维修、待机（归位）。

## 使用价值

每一种产品并不是只有一种固定的使用价值。使用场景的特点不同，产品的使用价值就不同。使用价值不能用一个简单的数字体现出来（欧元、比率或者平均统计数据）。它只能通过使用因素之间或多或少的关联表现出来，比如：

－ 功能效率、限制因素和产品提供的无害服务。

－ 使用便捷、使用安全和方便保养。

－ 与产品提供的一定服务有关的长期使用的总成本，包括产品购买、运转和维修。

# 结　　论

　　必须要重新认识产品设计。长久以来，创新都仅仅是针对生产过程（技术创新）和销售过程（商业创新）。我们没有投入足够的精力在使用因素和环境因素为本的设计过程中。我们应该要使用和发展除工艺技术能力以外的其他技能。在产品设计过程中植入"使用设计"的概念。

　　企业不能再把设计师看成是可被忽略的少数人，看作是"额外的"人员或者单纯只是"画得漂亮"的艺术家。设计师的工作在于为拟定产品设计的使用功能标准打基础。这些信息元素是前期设计方案具体化的出发点，也是之后对选中的方案进行深化的真正的设计指南。

　　有必要推动形成一种使用和设计科学，就像一种科学技术一样。

　　竞争不仅仅在产品之间发生，还会扩展到使用服务上。

　　智能产品不会是万能的。媒体用来轰炸我们耳朵的、那些工程师和营销造就的智能产品，应该尊重用户的能力和创造力，而不要把他们都变成"机器人"，即使是所谓"智能的"。

　　厨房秤和"智能"多用料理机结合在同一个产品中的例子不具有说服力。这个例子来自于设计师的一个使用分析和创新，而不是来自于要一下子设计一个智能产品的想法。

　　关于创新类型的轻率讨论，不应该使我们忘记在所有产品设计中无数亟待解决的使用问题。不是"智能产品"就能使产品使用简便化，除非在某些使用场景下，比如残障或者失去某种自主能力的用户。从使用角度来说，其目标与住宅自动化管理技术看起来好像没有区别。

# 产品设计（集体设计）

本书中所有的研究内容及展示的项目均来自于米歇尔·米罗领导的设计团队。

使用设计师：米歇尔·于连（Michel Jullien）。

工业设计师及绘图（voir illustrations dans l'ouvrage）：Michel Millot，Pierre-Yves Lebeau（directeur de projets），David Protet，Martin Millot，Martin Verpilleux，Yannick Bourgoing（chefs de projets），Guy Ravaillault，Christophe Moineau，Pierre Orvain，Cécile Echard，Bernard Grenier，Fabrice Legros，Jerôme Mondolini，Bernard Le Nevanic，Roger Pitiot，Agnès Rapin et Arnaud Perez。

鸣谢品牌：Amway，奥能，巴马矿泉水，天正源，梅花锁业，BEST/Leiyon，晨辉婴宝，CH Lighting，佳洁宝，皇冠工具，卓力，大叶园林，德沃电气，Emjoi/Soft Lines/Forstar，Eléphant sauvage，EUP，福立达，Gales，好孩子，金悦，汉能 Harvest/Precision，汉光工贸，Homezest 宏泽，Howawa 好娃娃，好友，哈尔斯，捷威，简氏依立，吉星，Kegao，KTC，凯博，King Clean，金石家居，金棒，浪达厨具，Leya，林海，Little swan，Longde，Lotus Chamber，芙蓉坊，美腾，美菱，美的，Minglang，名门锁业，玛克家具，Nanma，New Universal，东恩，Okay，Onehal，Ownland，Paite，斐凌工具，Pos citaq，Pulu，Purapharm，七彩宝贝，勤厨，Queen B，越盈，Sanho，Sangsun，Sassin 三信，Sea Vennus，SED，Senlia，赛威尔，Shuanghe，仕诺，Shunfa，405 世菱武，Syotc，Skywood，Smarcell，圣莱达，欧润/星河湾，超人，Takli，品源灯饰，32 space，Vitek，万利工具，维格，威力。

鸣谢企业：Admea-Thomson，Aixalp，Allia，Anelec，Arnould，Awox，Bebeconfort，Berthoud，Boulanger，Babymoov，Sky overseas，Cabasse，Calor，Cebe，Cermex，Chappée，Climadiff，Contralco，Delabie，Deltaprotection，Diager，

GME, Genius, Gerland, Hager, ICB, Impex, Facom, France Télecom, Franke, Guillemin, Iris, Jeulin, Jeux Nathan, Jura tournage, Lallemand, Laperche, Leda, Legrand, LGI, Libellule, Macorex, Matra com, Mecaserto, Nelco, Oliva, Passot, Paréo, Protéor, Provac, Reguladora, Rowenta, Thermofina, Saint-Gobain vitrage, Salomon, Schindler, SEB, SEP, Siamp, Sodim, Sourcing & création, Sild, Spirella, Stanley, Tefal, Unitec, Vachette, Valentin, Vandelle, Vtech, Yves Saint Laurent⋯

# 参考文献

## 使用领域

Akrich Madeleine, Boullier Dominique, Le Goaziou Véronique & Legrand M. , *Représentation de l' usager final et genèse des modes d' emploi*, LARESCCECT, Rennes, 1989.

Bessy Claude et Chateauraynaud Francis, *Le savoir- prendre. Enquête sur l'estimation des objets*, Centre d'Études de l'Emploi, Paris, 1992.

Daumal Sylvie, *Design d'expérience utilisateur*, Eyrolles, Paris, 2015.

Delacour Jean, *Une introduction aux neurosciences cognitives*, De Boeck Université, Paris, 1998, p. 14.

Dubuisson Sophie et Hennion Antoine, *Le design : l' objet dans l' usage ; La relation objet- usage- usager dans le travail de 3 agences*, édition les presses de l'école des Mines de Paris, 1996.

Grenier Bernard, Pour une conception "usagiste des produits", *Cahier de l'institut des sciences de l' usage et de la conception* n° 1, Industrialisation Forum, volume 9, n° 2, 1978.

Jullien Michel et Millot Michel, 《Évaluation des produits, typologie de produits en fonction de leurs qualités d'usage》, *Bulletin Afciq*, volume XV, n° 1, 1979 (extraits de *Communication ECQC*, Dresden, 1978).

Jullien Michel et Millot Michel, *Étude information sur l'usage des produits pour leur sélection et leur information*, salles de bains et sanitaire, GME, Paris, 1995.

Jullien Michel, 《Le domaine de l'usage, relations produits/usagers/milieu》 *Cahier de l'institut des sciences de l'usage et de la conception*, IF, n° 2-3, volume 9, 1978.

Jullien Michel, 《Performances d'usage et conception de produits》, *CREE*, n° 39. 1976.

Jullien Michel, *Analyse fonctionnelle d'usage*, Techniques de l'ingénieur, Paris, 1976.

Jullien Michel, *Cours d'introduction au domaine de l'usage*, École de design industriel, université de Montréal, 1979.

Jullien Michel, *Thésaurus des sciences et de la technologie du bâtiment*, Groupe latin, Centre scientifique et technique du batiment, Paris, 1975.

Juran Joseph M., *Quality Control Handbook*, Mc Graw Hill, chapitre 2, 1951.

Lyengar Sheena, *The art of Choosing*, editions Abacus, 2011.

Maeda John, *De la simplicité*, Payot & Rivages, Paris, 2007.

Millot Michel, (dir.), *Dossiers de produits*, *Centre de Création Industrielle*, Service Design de produits, Paris, 1979.

Millot Michel, 《Contre le design au rabais》, *Architecture d'aujourd'hui*, numéro spécial 《Le design》, 1972.

Millot Michel, 《Valeur marchande contre-valeur d'usage》, *Cahier de l'institut des sciences de l'usage et de la conception* n° 1, Industrialisation Forum, vol 9, n° 2, 1978.

Millot Michel, *Fonctionnalisme et image du fonctionnalisme*, CREE, n° 41, 1976.

Millot Michel, *La valeur d'usage*, le directeur commercial, Paris, 1969.

Millot Michel, *Quantification de la valeur d'usage*, association pour la diffusion des techniques ménagères, Paris, 1969.

Pizelle Pascal, Hoffmann Jonas, Verchère Céline & Aubouy Miguel, *Innover par les usages*, Paris, éditions d'innovation, 2014.

## 使用分析

### 浴室

*Abattant de WC*, client: Plastiva, 1989.

*Accessoires de salle de bain en zone humide*, exigences et performances d'usage, client：Spirella（Suisse）, 1987.

*Abattant de WC domestique*, client：SIAMP, 1985.

*Salle de bains Mobilier de salle de bain*, analyse fonctionnelle d'usage, exigences et performances d'usage, client：Sanijura/Kohler, 1989.

*Mobilier de salle de bain*, recommandations pour le design, client：Gilac, 1999.

*Poste de douche*, exigences et performances d'usage, client：Leda, 1989.

*Douchette*, exigences et performances d'usage, client：Valentin, 1984.

*Salle de bains*, exigences et performances d'usage, client：plan construction, 1989.

## 电器

*Aspirateur Mulvac*, simplicité, facilité et sûreté d'utilisation, client：Daewoo（Corée）, 1996.

*Aspirateur type traîneau*, recommandations pour la simplicité, la facilité et la sûeté d'utilisation, client Daewoo（Corée）, 1995.

*Aspirateur*, exigences et performances d'usage, client：Rowenta, 1992.

*Cuisinière/tables de cuisson/four à encastrer*, exigences et performances d'usage, client：Siul（Portugal）1984.

*Appareils pour la préparation des aliments*, analyse d'usage, client：SEB, 1990.

*Fers à repasser*, exigences et performances d'usage, client：Calor, 1988.

*Four micro-ondes*, analyse fonctionnelle d'usage, recommandations pour la conception, client：Daewoo（Corée）, 1996.

*Moyens de dépoussiérage et de nettoyage（ + repassage）*, recommandations sur les services et les types de produits, client：Rowenta, 1994.

*Moyens de dépoussiérage*, analyses d'usage, client：CAMIF, 1979.

*Moyens de rangement dans les réfrigérateurs-congélateurs*, analyse fonctionnelle d'usage, client：Daewoo（Corée）, 1995.

*Nettoyeur-aspirateur*, appréciations fonctionnelles d'usage, Rowenta, 1992.

*Réfrigérateur/congélateur*, analyse fonctionnelle d'usage, recommandations pour la conception, client：Daewoo（Corée）, 1996.

*Réfrigérateur/congélateur*，analyse fonctionnelle d'usage, recommandations pour la conception，client：Meiling，Chine，2014.

*Réfrigérateur/congélateur*，étude moyens de rangement，client：Selnor，1990.

*Système de commande de réfrigérateurs*，exigences et performances d'usage，client：Selnor，1990.

*Tables à repasser*，exigences et performances d'usage, client：Libellule，1986.

## 建筑设备

*Appareillage électrique domestique*，exigences et performances d'usage, client：Arnould，1997.

*Centrale de services domotiques*，analyse fonctionnelle d'utilisation，client：Tefal，1990.

*Chaudière à mazout*，*régulateur de confort ambiant*，exigences et performances d'usage, client：CICH-Chappée，1987.

*Commande à distance*，*boitier de CAD*，proposition de principe，client；Legrand，1991.

*Système domotique*，*interfaces usuelles*，exigences et performances d'usage，client：Legrand，1994.

*Cabine d'ascenseurs*, *agrément visuel intérieur des cabines*，client：Schindler，1989.

*Interphone domotique*，guide d'utilisation, TIPI，client：SILD，1996.

*Mitigeurs électroniques*，Mingori，1985.

*Système de commande à distance*，analyse fonctionnelle d'usage，exigences et performances d'usage, client：Legrand，1991.

*Système de consultation et de communication*，amélioration de sa commodité d'emploi, client：Matra communication，1987.

*Portes automatiques de garage*，analyse d'usage, client：Mathieu，1990.

*Système de serrures électroniques*，exigences et performances d'usage，client：Laperche，Unitec，1992.

*Système de suspension de rideaux*，exigences et performances d'usage, client：Roussel，1987.

*Système domotique*, analyse fonctionnelle d'usage, client：HPF, 1989.

*Unité de commande pour centrale d'alarme*, exigences et performances d'usage, recommandations pour la conception, client：Acticom, 1988.

## 游戏和玩具

*Gros jouet d'extérieur à usage collectif*, orientation vers un type de jouet, client：SAAM, 1987.

*Jouets d'extérieur grand public*, analyse fonctionnelle d'usage, client：Monneret, 1988.

*Jouets d'extérieur pour collectivités*, le triambul, exigences et performances d'usage, client：Lenika, 1984.

## 工具和园艺

*Agrafeuse de bureau*, exigences et performances d'usage, cours Université de Montréal（Canada）, 1984.

*Coupe-bordures sur batterie*, recommandations d'usage, client：Peugeot outillage, 1982

*Grues*, analyse d'usage, client：Potain, 1989.

*Pinces universelles (professionnelles)*, exigences et performances à l'utilisation, recommandations pour la conception, client：Facom, 1985.

*Pulvérisateur de liquide pour jardins*, exigences et performances d'usage, client：Berthoud, 1987.

*Tondeuses*, exigences et performances d'usage, client：CAMIF, 1983.

*Unité de contrôle de la géométrie des 《trains de roue》 des véhicules*, exigences et performances à l'utilisation, client：Provac, 1994.

## 运动和旅行，健康与保健

*Baignoire pour bébés/table à langer/pot bébé*, client：Bébéconfort, 1985.

*Chaussures de ski 《familiales》*, exigences et performances d'usage, client：Salomon, 1992.

**219**

*Étui à lunettes*, exigences et performances d'usage, client：L'AMY, 1986.

*Masque de ski*, exigences et performances d'usage, client：Cebe, 1986.

*Moyens de contention articulaire et phlébologique*, analyse fonctionnelle d'usage, commodité et sûreté d'utilisation, client：Gerland, 1990.

*Moyens de protection des plaies*, exigences et performances d'usage, client：laboratoire Fournier, 1990.

*Moyens de séchage et mise en forme des cheveux*, exigences et performances d'usage, client：Calor, 1988.

*Rasoir pour femme*, exigences et performances d'usage, client：Calor.

*Support pour toit de voiture*, exigences et performances d'usage, client：Macorex, 1987.

## 家具和照明

*Abri-voyageurs*, exigences et performances d'usage, client：ASPI, 1985.

*Gamme d'appareillage électrique*, analyse d'usage, client：Arnould, 1985.

*Mobilier scolaire*, exigences et performances d'usage, client：Nelco, 1986.

*Siège/banc public*, exigences et performances d'usage, client：Plastic Omnium, 1988.

## 信息学，选择和设计

*Étude de la dispersion des dimensions des têtes*, pour design casques de moto et masque de ski, client：Cebe, 1985.

*Choix pour grands acheteurs*, exigences et performances d'usage, clients：Valentin, Leroy Merlin, 1995.

*Information sur l'usage des produits pour leur sélection et leur conception*, problématique du choix dans le cycle de l'usage, GME, 1995.

*L'information sur les produits*, ministère de l'économie, des finances et du budget, secrétariat à la consommation, 1985.

*Management du design et de la mercatique*, programme de formation, client：CNAM, 1995.

*Relations entre l'information sur les produits et la conception des produits*, ministère de l'économie, des finances et du budget, secrétariat à la consommation, 1985.

*Structure pour l'information sur les jouets*, ministère de l'Économie, des Finances et du Budget, secrétariat à la consommation, 1985.

## 参考市场研究

*Refrigerator/deep freze market*, European Market, client Daewoo, 1996.

## 专业领域

## 人体工程学

Burandt Ulrich, *Ergonomie für Design und Entwicklung*, verlag Otto Schmitt, 1978.

*Ergodata*, banque de données du laboratoire de physiologie de la faculté de médecine de Paris, 1980.

Grandjean E. , *Précis d'ergonomie*, Dunod, Paris, 1969.

Mc Cormick E. J. , *Human factors in engineering and design*, New York, Mc Graw Hill, 1976.

Paneiro Julius, *Human dimension & interior space*, Withney library of design, London, 1979.

Scherer J. *et al.* (ed.), *Précis et physiologie du travail*, *notions d'ergonomie*, Masson, Paris, 1981.

Steidl Rose E. , 《La conception de produits à usage domestique》, *Cahier de l'institut des sciences de l'usage et de la conception*, n° 1, Industrialisation Forum, volume 9, n° 2, 1978.

Ward Joan S. , 《L'ergonomie appliquée aux produits domestiques》, *cahier de l'institut des sciences de l'usage et de la conception* n° 1, Industrialisation Forum, volume 9, n° 2, 1978.

Wisner A. , *Physiologie du travail et ergonomie*, fascicules sur l'anthopométrie, Laboratoire du Cnam, 1979.

## 设计

Bihanic David et Gauthier Philippe, *Sciences du design*, Paris, PUF, 2015.

Branzi Andrea, *Qu'est-ce que le design?*, Paris, Gründ, 2009.

Brown Tim, *Design Thinking*, Harvard Business Review, juin 2008.

Chaptal de Chanteloup Christophe, *Le design*, *management stratégique et opérationnel*, Paris, Vuibert, 2011.

Direction générale de la compétitivité de l'industrie, ministère de l'Industrie et de l'Emploi, *L'économie du design*, APCICité du design-IFM, 2009.

Domergue Yves, 《Ingénieur et designer en quête de chef d'orchestre》, *Réalités Industrielles*, janvier 1993.

Dorfles Gillo, *Introduction à l'industrial design*, Paris, Casterman, 1974.

Flamand Brigitte, *Le design: essais sur des théories et des pratiques*, Paris, Institut Français de la Mode & éditions du Regard, 2006.

Flusser Vilém, *Petite philosophie du design*, Belfort, Circé, 2002.

Foster Hal, *Design et crime*, Les Prairies ordinaires, 2008.

Guidot Raymond, *Histoire du design de 1940 à nos jours*, Paris, Hazan, 2004.

Hara Kenya, *Designing Design*, Zürich-Milano, Lars Müller Publishers, rééd. 2008.

Lindinger Herbert, *Ulm*, *Die Moral der Gegenstände*, *Hochschule für Getaltung*, Berlin, Ernst Sohn, 1991.

Loewy Raymond, *La laideur se vend mal*, Paris, Gallimard, 2005.

Loos Adolf, *Ornement et crime*, Payot & Rivages, édition originale 1908, 2003.

Maldonado Tomas, *lst das Bauhaus Aktuell?* RevueUlm 8-9.

Millot Martin, mise en place d'un réseau de veille en éco-conception, IMEDD, Master UTT, Université de Troyes, 2010.

Maser S., *Essais sur une théorie du design*, Moscou, conférence congrès ICSID, 1975.

Midas Alexandra, *Design: introduction à l'histoire d'une discipline*, Paris, Pocket, 2009.

Moggridge Bill, *Designing Interactions*, Cambridge, The MIT Press, 2007.

Moles A., 《Die Krise des Funktionalismus》, Form 4, 3-1968.

Moles A., 《*La cause philosophique de la crise du fonctionnalisme*》. *Design industrie* n° 86, 1967.

Mozota (de) Borjia, *Design et management*, Paris, éditions d'Organisation,1990.

Noblet (de) Jocelyn, *Design*, Paris, Stock, 1974.

Papanek Victor, *Design pour un monde réel*, Paris, Mercure, 1974.

Pevsner Nikolaus, *Les Sources de l'architecture moderne et du design*, Londres, Thames & Hudson, 1993.

Posener Julius, *Anfange des Funktionalismus*, Vienne, Ullstein, 1964.

Potter Norman, *Qu'est-ce qu'un designer*, Paris, Centre national du livre, Cité du design, 2011.

Quarante Danielle, *Eléments de design industriel*, Paris, Polytechnica, 1994.

Vial Stéphane, *Court traité du design*, Paris, Presses universitaires de France, collection 《Travaux pratiques》, 2011.

Vial Stéphane, *Le design*, Presses universitaires de France, collection 《Que sais-je》, 2015.

Wingier Hans M., *The Bauhaus*, Cambridge, The MIT Press, 1969.

## 管理

Bériot Dominique, *Manager par l'approche systémique*, Paris, éditions d'Organisation,2006.

Chaptal de Chanteloup Christophe, *Mots et Maux du management*, Paris, Vuibert, 2011.

Chorafas D. N., *La direction des produits nouveaux*, Entreprise nouvelle d'éditions,1967.

Croizier Michel, *Le Phénomène bureaucratique*, Paris, Le Seuil, 1963.

Durand Daniel, *La systémique*, 1979, PUF.

Favereau Olivier, 《Règle, organisation et apprentissage collectif. Un paradigme pour trois théories》, Colloque L'économie des conventions,mars 1991.

Fayard Pierre, *Le réveil du samouraï. Culture et stratégie japonaises dans la société de la connaissance*, Paris, Dunod, 2006.

Francès Robert, *Motivation et efficience au travail*, Mardaga, 1995.

Friedman Milton, *Essais d'économie positive*, Litec, 1995.

Fritz Sylviane, *Moi et le management*, *être l'acteur de son développement personnel*, Bruxelles, De Boeck Université, 1988, p. 67.

Guerrien Bernard, 《Les bases de la théorie économique》, *Pour la science*, 1992.

Guerrien Bernard, *L'économie néo-classique*, La Découverte, 1991.

Larger Christian, *Pour en finir avec la bureaucratie*, Paris, Éditions First, 1989.

Le Gallou Francis et Bouchon-Meunier Bernadette ( coord. ), *Systémique*, *Théorie et Applications*, Paris, éditions Technique et Documentation Lavoisier, 1992.

Le Moigne Jean-Louis, *La modélisation des systèmes complexes*, 1990.

Le Moigne Jean-Louis, *La théorie du système général. Théorie de la modélisation*, Paris, PUF, 1977.

Lesourne Jacques, *Les systèmes du destin*, Paris, Dalloz, 1976.

Martinet A. Ch., *Stratégie*, Paris, Vuibert gestion, 1986.

Mélèse Jacques, *L'Analyse modulaire des systèmes*, Paris, éditions Hommes et Techniques, 1972.

Morel Christian, *Les décisions absurdes*, Paris, Gallimard, Bibliothèque des Sciences Humaines, 2002.

Prax Jean-Yves, *Le guide du knowledge management*, *concepts et pratiques du management de la connaissance*, Paris, Dunod, 2000.

Prost R., *Concevoir, inventer, créer*, Paris, éditions L'harmattan, 1995.

Tisseyre René-Charles, *Knowledge management*, *théorie et pratique de la gestion des connaissances*, Paris, Hermès, 1999.

## 美学

Dagognet François, *Pour l'art d'aujourd'hui*, *l'invention de notre monde*, *éloge de l'objet*, Bruxelles, De Boeck Supérieur, 1992.

Fillacier Jacques, *La pratique de la couleur*, Paris, édition Dunod, 1986.

Hirdina Karin，《Der Funktionalismus und seine Kritiker》，*Form und Zweck*：3‑1975.

Lewalski Zdzislaw，*Product esthetics*，Design ＆ Development Engineering Pr，1988.

Schnaidt Claude，*A propos du fonctionnalisme*，in Design，Stock，1974.

Selle Gert，*Ideologie und utopie des design*，Cologne，Verlag，1973.

Staber Margrit，《Funktion，Funktionalismus，eine Geschichte der Missverständnisse》，*Werk*3‑1974.

Sudjic Deyan，*Le langage des objets*，Paris，Pyramyd，2012.

Walter Aarron，*Design émotionnel*，Paris，Eyrolles，décembre 2015.

## 社会文化

Akrich Madeleine，《Les objets dans l'action》，*Raisons Pratiques* n°4，Callon，1993.

Algan Yann et Cahuc Pierre，*La Société de défiance*：*comment le modèle social français s'autodétruit*，Paris Éditions rue d'Ulm，2007.

Baudrillard Jean，*Le système des objets*，Médiations，Parsi，Gallimard，1968.

Baudrillard Jean，*Pour une critique de l'économie politique du signe*，Paris，Gallimard，1972.

Baugnet L.，*L'identité sociale*，Paris，Dunod，1998.

Beyaert‑Geslin Anne，*Sémiotique des objets*，*La matière du temps*，PU de Liège，octobre 2015.

Boltanski Luc et Thévenot Laurent，*De la justification. Les économies de la grandeur*，Paris，Gallimard，1992.

Bourdieu Pierre，*Les structures sociales de l'économie*，Paris，Seuil，2000.

Certeau (de) Michel，*L'Invention du quotidien*，Arts de faire，Paris，Gallimard，1990.

Collectif，*Catalogue du Bauhaus* 1919‑1969，Musée National d'Art Moderne，6‑69.

Collectif，*Méthodes et outils pour la gestion des connaissances*，Paris，Dunod，2001.

*Communications et langages*，n° 97，éditions Retz，décembre 1993. Auteur？A. Moles Crozier Michel et Friedberg Erhard，*L'acteur et le Système*，Paris，Le

Seuil，2014.

Dodier Nicolas，*L' expertise médicale. Essai de sociologie sur l' exercice du jugement*，*Paris*，Métailié，1993.

Herscher Ermine，*Qualités de vie，Objets，des valeurs quotidiennes*，Paris，Éditions du May，1991.

Leroi-Gourhan André，*Le Geste et la parole*，Paris，Albin Michel，1965.

Leyens J. P.，*Psychologie sociale*，Bruxelles，Mardaga，1979.

Lichtenberg Georg Christoph，*Le Miroir de l'âme*，Paris，Corti，2012.

Lieury Alain，*Psychologie générale，cours et exercices*，Dunod，Paris，2000.

Malinowski B.，*Une théorie scientifique de la culture*，Paris，Points，1944.

Marc E. et Picard D.，*L'interaction sociale*，Paris，PUF，1989.

Moscovici Serge，*Psychologie des minorités actives*，Paris，PUF，1979.

Moscovici Serge，*Psychologie sociale*，Paris，PUF，7$^e$ éd. mise à jour，1998.

Rosnay (de) Joël，*Le macroscope，vers une vision globale*，Paris，Point，1977.

Stiegler Bernard，*Le design de nos existences*，Paris，Mille et une nuits，2008.

Tarde Gabriel，*L'opinion et la foule*，Paris，PUF，1989.

Tavris Carol et Wade Carole，*Introduction à la psychologie，Les Grandes Perspectives*，Bruxelles，De Boeck Université，1999.

Williamson Oliver，*Les institutions de l'économie*，Paris，Inter Editions，1994.

Zygulski K.，*Les problèmes de la politique culturelle en Pologne. Table Ronde sur les politiques culturelles*，Monaco，1969.

## 创新

Aicher Otl，*Le monde comme projet*，Paris，éditions B42，2015.

Akrich M.，Callon M. et Latour B.，*A quoi tient le succès des innovations*? Annales des Mines，n$^{os}$ 11 et 12，1988.

Deforge Yves，*Technologie et génétique de l'objetindustriel*，Université de Compiègne，1985.

Deleuze Gilles，*Qu'est-ce que l'acte de création*? Paris，Fondation de la Femis，1987.

George Prince，*La pratique de la créativité*：*un manuel pour groupe dynamique*

*Problem- Solving.* Vermont, Echo Point livres & Media, LLC, 2012.

Gordon W. J. J. , *Synectics*: *le développement des capacités créatives*, New York, Harper & Row, 1961.

Joulin Nathalie, *Les coulisses des nouveaux produits*, *Paris*, Éditions d'Organisation, 2002.

Manzini Ezio, *La Matière de l'invention*, Paris, éditions du Centre Pompidou, 1989.

Mauzy Jeff et Harriman Richard, *Créativité Inc.* : *construire une organisation Inventive*, Boston, Harvard Business Press, 2003.

Nolan Vincent et Williams Connie, *Imagine That* ! film, éditeurs graphiques, LLC, 2010.

Roukes Nicholas, 23 *Concevoir Synectics*: *stimuler la créativité dans la conception*, Davis Publications, 1988.

## 技术

AFNOR, Norme NF X50- 15, *Analyse de la valeur*, *analyse fonctionnelle- Expression fonctionnelle du besoin et cahier des charges fonctionnel*, 1991.

Collectif, *Réalités industrielles*, numéro spécial sur le design, Annales des Mines, janvier 1993.

Ellul Jacques, *Le Système technicien*, Paris, Calmann- Lévy, 1977.

Ellul Jacques, *Le Système technicien*, Paris, Cherche midi, 2012.

Francastel Pierre, *Art et technique*, Paris, collection Tel, Gallimard, 1967.

Giedion Siegfried, *La mécanisation au pouvoir*: *contribution à l' histoire anonyme*, (1948), Paris, Centre Georges Pompidou/CCI, 1980.

Gorz André, 《Technique, techniciens et lutte des classes》, *les temps modernes*, 8-9, 1971.

Leroi- Gourhan André, *L'Homme et la Matière*: *Évolution et Techniques*, Paris, Albin Michel, 1943.

Leroi- Gourhan André, *Milieu et Techniques*, Paris, Albin Michel, 1945.

Lifter Chris, *Procédés de fabrication & design produit*, *Paris*, édition Dunod, 2014.

Ludi Jean- Claude, *La perspective pas à pas*, Paris, Dunod, 2009.

Nicod Jean, *La géométrie dans le monde sensible*, Bibliothèque de Philosophie Contemporaine, Paris, PUF, 1962.

Rob Thompson, *Design, les procédés de fabrication*, éditions Vial, 2012.

Séris Jean-Pierre, *La technique*, Paris, PUF, 2013.

Simondon Gilbert, *Du mode d'existence des objets techniques*, Paris, Aubier philosophie, 1958.

## 营销

Combe Emmanuel, *Économie et politique de la concurrence*, Paris, Dalloz, 2005.

Combe Emmanuel, *La politique de la concurrence*, Paris, La Découverte, 2002.

Darras Bernard et Belkhamsa Sarah, *Objets et communication*, Paris, édition de l'harmattan,2015.

Dispaux Gilbert, *La logique et le quotidien*, 《Arguments》, Paris, Les Éditions de Minuit, 1984.

Ducreux Jean-Marie, *Le grand livre du marketing*, Paris, Eyrolles, 2011.

Fourquet François, *L'argent,la puissance, l'amour*,Paris, éditions Charles Léopold Mayer, FPH, 1993.

Joule Robert-Vincent et Beauvois Jean-Léon, *La soumission librement consentie, Comment amener les gens à faire librement ce qu'ils doivent faire*,Paris, PUF, 1998.

Joule Robert- Vincent et Beauvois Jean- Léon, *Petit traité de manipulation à l'usage des honnêtes gens*,Grenoble, PUG, 1987.

Klein Naomi, *No logo, la tyrannie des marques*, éditions Lemeac, 2001.

Le Bon Gustave, *Psychologie des foules*, Paris, PUF, 1998.

Le More Henri, 《L'invention du cadre commercial:1881-1914》, *Sociologie du travail*, n° 4, 1982.

Plantin Christian, *L'argumentation*,Paris, Que sais-je?, PUF, 2005.

Salin Pascal, *La concurrence*, Que sais-je?, Presses universitaires de France, 1995.

## 企业

Bériot Dominique, *Du microscope au macroscope*, Paris, ESF Editeur, 1992.

Collectif, présidé par Jacques Attali, 300 *décisions pour changer la France*, Paris, éditions XO, 2008.

Glais Michel, *Économie industrielle*, *les stratégies concurrentielles des firmes*, Paris, Litec, 1992.

Iribarne Patrick, *Les tableaux de bord de la performance*, *comment les concevoir*, *les aligner et les déployer sur les facteurs clés de succès*, Paris, éditions Dunod, 2003.

Lefort Claude, *Eléments d'une critique de la bureaucratie*, Paris, Droz, Genève, 1971.

Milgram Stanley, *Soumission à l'autorité*, Paris, Calmann-Lévy, 1974.

Volant Christiane, *Le management de l'information dans l'entreprise: vers une vision systémique*, Paris, Éditions ADBS, 2002.

## 生态学

Algoud Jean-Pierre, *Systémique: vie et mort de la civilisation occidentale*, éditions L'Interdisciplinaire, 2002.

Apostolidis Charalambos et Fritz Gérard, *L'humanité face à la mondialisation. Droit des peuples et environnement*, Paris, L'harmattan, 1997.

Baddache Farid, *Le développement durable au quotidien*, Paris, éditions d'organisation, 2006.

Bénédicte Châtel *et al.* , Justice et paix France, *Notre mode de vie est-il durable? Nouvel horizon de la responsabilité*, Édition Karthala, Paris, 2005.

Bertrand J. , *Langage et environnement*, publication du Département des modèles scientifiques de L'Unité d'Enseignement et de Recherche sur l'Environnement, 1970.

Bihouix Philippe, *L'âge des low tech*, Paris, éditions du Seuil, 2014.

Bourg Dominique, *L'homme artifice*, Paris, Gallimard, 1996.

Cohen-Bacrie Bruno, *Communiquer efficacement sur le développement durable-De l'entreprise citoyenne aux collectivités durables*, Paris, Les éditions Démos, 2006.

Dion Cyril et Laurent Mélanie, *Demain*, film, 2015.

Dreyfus J. , 《Les ambiguïtésde la notion d'environnement》, in *Bulldoc*, Centre de Documentation sur l'Urbanisme, Ill^e année, n° 5, 25-26, 1970.

Férone Geneviève, d'Arcimoles Charles-Henri, Bello Pascal et Sassenou Najib,

*Le développement durable*, des enjeux stratégiques pour l'entreprise, Paris, éditions d'organisation, 2001.

Gournay Chantal, *Citadins et nomades*, Réseaux, Paris, CENT, 1991.

Granier Gérard et Veyret Yvette, *Développement durable. Quels enjeux géographiques?*, dossier n° 8053, Paris, La Documentation française, 2006.

Grisel Laurent et Osset Philippe, *Analyse du cycle de vie d'un produit ou d'un service, applications et mise en pratique*, AFNOR, 2004.

Hess Gérald et Bourg Dominique, *Science, conscience et environnement*, Paris, PUF, 2016.

*L'énergie solaire*, Conférence internationale de Nice, 1977.

Latouche Serge, *Décoloniser l'imaginaire : La Pensée créative contre l'économie de l'absurde*, Paris, L'Aventurine, 2003.

*Le soleil au service de l'homme*, Congrès International UNESCO, juillet 1973.

Lorach Jean-Marc, Quatrebarbes (de) étienne et Cantillon Guillaume, *Le Guide du territoire durable*, Paris, éditions Village mondial, 2002.

Maldonado Tomas, *Le design et l'avenir de l'environnement*, conférence congrès ICSID, Moscou, 1975.

Millot Martin, *MA15 L'écoconception*, Thèse $3^e$ cycle, université de Troyes, 2014.

*Notre avenir à tous*, Commission mondiale sur l'environnement et le développement, Assemblée nationale des Nations unies, 1987.

Pierre Jean-Claude, *Pourvu queça dure ! Le développement durable en question*, Le Faouët, Liv'éditions 2006.

Rasplus Valéry, 《Le mythe du développement durable》, *Politis* n° 933, 2007.

Sacquet Anne-Marie, *Atlas mondial du développement durable. Concilier économie, social, environnement*, Paris, Autrement, 2002.

*La production de méthane dans la biosphère : le rôle des animaux d'élevage*. Le Courrier de l'Environnement, 18, 65-70.

Thackara John, *De la complexité au design durable*, Paris, Cité du Design Éditions, 2008.

# 图片说明